나의 머릿속 하루

일러두기

* 이 책은 오직 신경과학만으로 우리의 모든 행동을 설명할 수 있다는 사실을 증명하려는 게 아닙니다. 오히려 그 반대입니다. 이 책은 순수하게 신경심리학(neuropsychology) 관점에서 문제에 접근하고자 합니다. 즉, 이 책의 목적은 우리의 정신적 삶이 뇌 활동과 어떻게 연관되어 있는지 그리고 우리 몸에서 일어나는 화학반응이나 전기반응이 얼마나 경이로운 방식으로 우리의 감정, 생각, 인지, 행동에 영향을 미치는지를 더 깊이 있게 이해하는 데 있습니다.
* 인명과 지명은 국립국어원 외래어 표기법을 기준으로 표기했습니다.
* 각주 중에서 저자 주 표시가 없는 것은 역자 주에 해당합니다.

오늘 나의 감정, 생각, 행동은
뇌에 어떤 영향을 미쳤을까?

나의 머릿속 하루

실비 쇼크롱 Sylvie Chokron · 윤미연 옮김

7분의언덕

차례

2부 뇌과학으로 읽어 낸 안나의 하루

들어가기 전에

"엄마, 어떡하면 강의 내용을 내일까지 기억할까요?"

"엄마, 나 몽땅 다 까먹은 것 같아요, 어쩜 이럴 수 있죠?"

"엄마, 지난밤 꿈을 기억하려면 어떻게 해야 하죠?"

"엄마, 나 오늘 수학 쪽지시험 보는데, 머리 좀 잘 돌아가게 해주세요."

"어릴 때 엄마 사랑을 듬뿍 받고 자란 아이는 머리가 좋다던데 그게 정말이에요? 그렇다면 엄마가 아무리 바빴어도 나하고 좀 더 많이 놀아주지 그랬어요, 그랬더라면 내 머리가 지금보단 훨씬 좋았을 텐데!"

이는 엄마이자 신경심리학자인 내가 날마다 듣고 답하는 수많은 질문 중 몇 가지다. 위 질문에 답하는 게 항상 쉽지는 않다. 그래서 나는 가상의 인물인 안나의 머릿속에서 하루 동안 일어나는 일들을 차례차례 따라가 볼 생각을 하게 되었다. 내가 이 책을 쓰게 된 건 모두 아누크와 니나, 내 두 아이 덕분이다.

"얘들아, 너희에겐 아무리 고마워해도 모자랄 지경이야. 이 책을 쓰는 시간은 나에게 아주 큰 기쁨이고 보람이었으니까. 그리고 내가 너희 엄마라는 사실이 내겐 엄청난 행복이고, 너희들과 함께 지내는 하루하루가 너무너무 즐겁단다. 이 책에서 안나 엄마가 자기 딸의 하루를 따라가며 이런저런 조언과 설명을 하는 것도 나의 그런 경험 덕분이야. 그러니 궁금한 게 있으면 그냥 넘어가지 말고 언제라도 물어보렴. 최선을 다해 대답해줄게."

안나의 하루를 따라가는 1부의 이야기는 매 순간 우리 머릿속에서 일어나는 일련의 과정을 낱낱이 알게 해준다. 안나의 하루를 뇌과학 관점에서 다시 조명한 2부에서는, 각 장에 인용된 과학 논문을 통해 주제에 대해 더 깊이 파고들어 보자.

1부

안나의
잊지 못할
하루

01
오전 6시 45분
아침 일찍 일어나는 건
너무 힘들어

저 멀리서 어렴풋한 알람 소리가 들려왔다. 안나는 그 소리가 꿈속의 BGM이라고 생각하고 싶었지만, 어림도 없는 일이었다. 잠에서 깨지 않고 이 다음에 어떻게 되는지를 알려면 그게 가장 간단한 방법이었는데……. 하지만 아쉽게도 안나에겐 선택의 여지가 없었다. 빡빡한 일정이 기다리는 새로운 하루와 맞서 싸우려면 그녀는 당장 침대에서 일어나야만 했다. 그러나 안나는 아직 피곤에 절어 있었고 오늘도 잠을 충분히 자지 못한 기분이 들었다. 도중에 잘려버린 꿈 때문에 찜찜한 느낌이었고, 설령 잠을 다시 청한다 해도 꾸던 꿈을 이어서 꾸지 못한다는 사실이 못내 불만스러웠다! 안나는 왜 잠을 더 오래 자지 못했을까? 그리고 그녀 꿈은 왜 잠에서 깨어난지 몇 분 만에 그렇게 거품처럼 사라져버릴까?

선진국에 사는 청소년과 성인 중 3분의 1이 그렇듯이, 안나 역시 하루에 여섯 시간도 채 자지 못할 때가 빈번해서 만성적인 수면 부족에 시달리고 있었다.[01] 하지만 안나는 지구 어느 곳에 사느냐에 따라 수면 시간이 달라진다는 사실은 모르고 있었다. 만약 안나가 오스트레일리아에 살았다면 적어도 아홉 시간은 잠을 잤을 것이다! 반면에 한국 같은 나라에서는 안나 또래 청년들의 평균 수면 시간이 다섯 시간 이하라고 한다. 어쨌든 안나는 지구 반대편으로 이사 갈 생각은 없었다. 단지 그렇게 일찍 잠자리에서 일어나지 않아도 되기를 바랄 뿐이었다. 주말을 보낸 뒤 정상적인 업무 리듬을 되찾기가 힘들었기 때문에, 월요일 아침이면 안나는 어김없이 조금만 더 잤으면 하는 생각을 했다. 물론 일요일 저녁에 일찌감치 잠자리에 들었다면 수면 시간을 좀 더 늘릴 수 있었겠지만.

각성 효과가 있는 카페인 음료를 습관처럼 마셔대거나 컴퓨터나 TV, 스마트폰 화면을 하루 종일 들여다보면 잠을 쉽게 이루지 못한다는 걸 안나도 알았지만 소용 없었다. 오히려 안나는 얼마 전에 읽은 미국발 연구의 내용이 더 마음에 들었다. 그 연구에 따르면, 미국 어느 학교에서 등교 시간을 한 시간 늦추자 그 학교 학생들은 다른 학교 학생들보다 잠을 한 시간 더 잘 수 있었고, 그럼으로써 피로감이나 졸음이 줄었을 뿐만 아니라 학내 폭력이나 교통사고 위험까지 감소했다고 한다!*

---

* 이 연구 덕분에 현재 미국에서는 등교 시간 늦추기 운동이 확산되고 있다.

안나는 각자가 자신의 생체리듬에 따라 생활하는 것이 얼마나 중요한지 보여주는 자료들을 언젠가 모을 수 있으리란 희망을 품었다. 출근 시간을 늦추면 회사와 그녀 모두에게 이롭다는 걸 사장에게 증명할 수 있다면 매일 한 시간씩 더 잘 수 있을 텐데……. 하지만 유감스럽게도 사장은 그녀 제안을 단박에 자르며, 그녀에게 잠잘 시간이 되면 무조건 컴퓨터와 휴대전화를 끄고 침대로 들어가라고 말할 확률이 매우 높다. 그녀 부모가 틈만 나면 되풀이한 충고처럼! 이른바 개발도상국이라 불리는 나라에서 실시된 한 연구에 따르면,[02] 실제로 전기, 즉 인공조명이 보급된 지역의 주민들은 전기시설이 갖춰지지 않은 인접 지역에 사는 주민들보다 평균적으로 수면 시간이 한 시간 더 짧다.

그런데 지금 이 순간 안나를 괴롭히는 건 훨씬 더 현실적인 문제였다. 간밤의 꿈은 고사하고, 오늘 아침 회사에 출근해 진행해야 할 프레젠테이션 내용이 제대로 기억나지 않았다. 그녀는 자신의 기억력에 문제가 생긴 게 틀림없다고 생각했다! 물론 스물다섯밖에 안 된 나이에 퇴행성 신경질환에 걸릴 가능성은 희박하지만, 요즘 들어 자꾸 깜빡깜빡하고 주의력이 산만해져서 뭔가 불안한 기분이 들기 시작하던 참이었다. 그렇지만 안나는 다른 사람에게 이런 이야기를 하는 건 생각만 해도 겁이 났다. 하물며 신경심리학자인 엄마에게는 더더욱 말할 엄두가 나지 않았다. 그녀 이야기를 들은 엄마는 분명히 그녀 상태에 대해 전문가로서 진단을 내릴 터이고, 그녀는 막연히 겁내던 그 결과를 어쩔 수 없이 받아들여야 할 테니까.

안나가 지닌 불안은 어설픈 지레짐작이지만, 다른 한편으로는 일리가 있는 추측이다. 그녀의 사소한 건망증이나 주의력 결핍은 단지 만성적인 수면 부족에서 기인한다. 하지만 이러한 작은 문제들이 언젠가는 그녀 건강에 실제적인 위험을 초래할 수도 있다. 유일한 해결책은 매일 밤 더 오래 잠자는 방법뿐이다. 안타깝지만 주말 동안 한꺼번에 몰아서 잠을 푹 자도 그녀의 인지능력은 온전히 회복되지 못한다. 특히 청소년의 경우, 주말 동안 평소보다 잠을 두 시간 정도 더 잔다고 해서 주중에 되풀이되는 수면 부족으로 야기된 가벼운 인지장애들이 사라지지 않는다. 청소년이 정상 수준의 인지기능을 회복하기 위해서는, 일주일에 적어도 사흘은 충분한 수면을 취해야 한다(하룻밤에 최소 9시간).

장기적으로는 수면 부족이 신경회로에 손상을 일으키고 다양한 뇌 영역들 사이의 연결을 방해할 뿐만 아니라 뇌 기능까지 훼손시킨다는 점에서 안나의 우려는 충분히 일리가 있다. 우리의 주의력이 매 순간 달라지는 현상은 지극히 정상적이지만, 잠을 충분히 못 자면 다음날 하루 종일 주의력을 유지하지 못하며 새로운 것을 기억하는 데에도 어려움을 느낄 수 있다. 게다가 수면 부족은 잠재적으로 기타 심각한 건강 문제들(고혈압, 비만, 당뇨)을 야기할 위험을 내포하고 있다.

충분한 수면은 기억을 형성하고 형성된 기억을 강화하고 되살릴 뿐만 아니라, 주의력을 조절하고 유지하는 데에도 도움을 준다. 게다가 새로운 자극을 지각하고 자신이 처한 환경에 더 빨리 더 잘 적응하는 일에도 기여한다.

안나는 머릿속으로 사장에게 제출할 탄원서의 제목을 지어보았다. '충분한 수면, 높아지는 능률!' 직장 동료들도 이 슬로건에 전적으로 찬성할 터였다. 그러면 안나는 주중에 알람 소리에 쫓기지 않고 아침잠을 푹 자는 게 회사에 훨씬 더 이익이라고 (설령 날마다 늦잠을 잘 위험이 있다 하더라도!) 사장을 설득할 수 있을 것이다. 하지만 안나는 자신이 이런 주장을 뒷받침할 과학적 데이터를 제시하더라도, 사장을 이해시킬 수 있을지 확신이 서지 않았다.

🔗 생체시계와 24시간 활동일 주기의 신비에 대해 알아보려면 124페이지로 가보세요.

02

오전 6시 55분
여전히 꿈나라

이를 닦으며 안나는 간밤의 꿈을 기억하려 헛되이 애를 썼다. 종종 있는 일이지만, 안나는 오늘 아침에도 꿈의 결말을 확인하지 못한 채 잠에서 깨어나 서운하고 아쉬운 기분이었다. 그 이야기의 시나리오를 쓴 건 바로 자신인데 내용을 알 수가 없다니! 잠을 더 오래 잤더라면 이야기의 결말을 알았을 텐데.

하지만 안타깝게도 안나는 틀렸다. 오히려 그 반대다! 꿈을 기억하기 위해서는 중간에 잠에서 깨야 한다. 그리고 꿈을 꾸는 순간에도 이게 꿈이라는 걸 어느 정도 의식해야 한다. 의식이 없으면 새로운 정보를 기억하기 위해 충분한 주의력을 기울이기 어렵고, 그 정보를 코드화하기도 어렵기 때문이다. 놀랍게도 한밤중에 잠을 깨는 횟수가 많을수록 꿈을 더 잘 기억하게 된다.[03]

꿈을 꾸는 행위는 뇌 활동이 활발한 몇 차례의 렘(REM)수면 단계에서만 가능하다는 생각이 오랫동안 지배적이었다. 하지만 지금은 어떤 수면 단계에서도 꿈을 꿀 수 있음이 밝혀졌다. 다만, 꿈에 대한 기억은 꿈에서 깰 무렵에 우리 의식이 얼마나 깨어 있는지, 즉 각성의 정도에 좌우된다. 그러니까 안나가 꿈을 더 잘 기억하기 위해서 직장에서 비몽사몽한 상태로 있는 것을 허락해달라고 사장에게 요구한다고 해도 영 생뚱맞은 소리는 아니다. 어떤 연구자의 말처럼 꿈을 더 잘 기억하기 위해서는 의식이 깨어 있는 상태에서 계속 꿈을 꾸고 그 꿈을 되새김질할 여유가 있어야 하기 때문이다. 하지만 그쯤 해두자! 안나 요구가 더 계속되다가는 하루아침에 직장에서 잘릴 수도 있을 테니까!

'간밤의 꿈이 전부 다 사라진 건 아닐 거야, 여자가 남자보다 꿈을 더 잘 기억한다고 하니까.'[04] 안나는 그렇게 생각하며 마음을 달랬다. 또한 뇌 영역들 간의 연결망 역시 남자보다 여자에게서 더 원활하다는 사실을 떠올리며 안나는 짜릿한 쾌감을 느꼈다. 그러니까 여자가 남자보다 지능이 높다는 또 하나의 과학적 증거가 있는 셈이다! 물론 지능이란 게 대체 무엇인지부터 알아야겠지만. 그녀는 커피를 끓이며 이 문제에 대해 더 깊이 파고들 필요가 있다고 생각했다. 하지만 당장 시급한 일은 지각하지 않고 제시간에 출근하는 일이었다!

🔗 **꿈의 신비에 대해 알고 싶으면, 127페이지로 가보세요.**

03
오전 7시 30분
갓 구운 빵 냄새

드디어 안나는 잠에서 완전히 깼다. 코끝으로 신선한 커피 향과 갓 구운 빵 냄새가 스며들었다. 이 냄새는 그녀가 어린아이였을 때 마음을 달래주던 엄마의 감미로운 포옹과 같은 효과가 있었다. 안나는 잠이 덜 깬 상태에서도 아침마다 부엌에서 흘러나오는 빵 굽는 냄새만 맡으면 기분이 좋아지고 졸음도 달아나서, 엄마아빠와 함께 식탁에 앉아 즐겁게 아침을 먹었다. 그녀에게 그건 특별한 순간이었다.

아침 식사의 기분 좋은 냄새를 맡는 바로 그 순간에, 그녀의 뇌 편도체*(목구멍 안의 편도가 아니라)가 활발하게 움직이면서 관련된 기

---

* 뇌 편도체는 아몬드 형태(편도체라는 명칭은 바로 여기서 비롯되었다)의 작은 조직으로, 감정들을 처리하고 느끼는 능력과 관계된다. 뇌 반구 안 측두엽 내에 있는 해마 양 옆으로 편도체가 각각 하나씩 위치한다. - 저자 주

억을 재활성화한다는 사실을 안나는 아마 몰랐을 것이다. 한 기억
력 전문가의 설명에 따르면, (감각 기관에 정보가 저장되는) 감각 기억
은 우리의 옛 기억을 떠올리게 하는 훌륭한 매개체다. 안나에게는
커피포트에서 흘러나오는 신선한 커피 향과 갓 구운 빵 냄새가 '프
루스트의 마들렌'*이 될 수 있다는 의미다. 최근 연구들은 알츠하
이머병에 걸린 노인들이 어린 시절이나 젊은 시절부터 사용했던 물
건들을 직접 접촉하면서 다른 방법으로는 되살리지 못한 옛 기억
을 떠올릴 수 있다는 사실을 증명했다.[05] 어떤 기억이 기억되는 순
간에 코드화된 모든 감각 정보들은 인지능력의 퇴화에도 굴하지
않고 살아남을 수 있다. 뿐만 아니라 그 정보들은 당시의 기억을
거꾸로 되살리는 역할도 할 수 있다.[06]

안나는 익숙한 냄새에 의해 되살아난 과거 기억이 대체로 행복
한 순간에 속한다는 걸 알고 있었다. 그녀는 냄새를 구별하지 못하
는 사람들이 참 불쌍하다는 생각이 들었다. 그런 사람들은 그녀처
럼 과거로의 짧은 여행을 떠날 수 없을 테니까. 오늘 아침에 안나
는 자기가 출근 준비를 하는 게 아니라 여덟 살 때 살던 집 주방에
서 아침을 먹으며 엄마아빠가 나누는 이야기를 듣는 느낌이 들
었다.

---

*　마르셀 프루스트의 대표작 《잃어버린 시간을 찾아서》는 주인공이 마들렌을 먹다가
　그 향기로 인해 어린 시절을 회상하게 되면서 시작한다.

그러자 안나 머릿속에 심한 우울증을 겪고 있는 친구 루가 떠올랐다. 그녀는 예전처럼 냄새를 제대로 분간하지 못하게 되었다. 특히 나쁜 냄새는 구역질이 날 정도로 전보다 훨씬 더 불쾌하게 느껴지지만, 옛날에 자기가 좋아했던 향기는 왜 좋아했는지 기억이 나지 않는다고 했다. 그녀가 좋아했던 음식 냄새나 가까운 사람들의 향수 향기가 낯설게 느껴지고, 옛날처럼 그렇게 기분 좋게 느껴지지 않는 것이다. 루는 자기가 후각을 잃은 게 아닌가 걱정이 되어서 검사를 받아봤지만, 후각에는 아무런 문제도 없었단다! 그녀는 냄새를 감지하는 능력은 그대로였지만, 냄새를 분석하는 데 매우 특별한 장애를 겪는 셈이었다. 종종 그녀 기분이 침체되는 이유도 바로 그 때문이었다.[07]

냄새를 담당하는 뇌 회로와 감정이나 기억을 담당하는 뇌 회로는 서로 밀접하게 연결되어 있었다. 한 개인이 지각하는 어떤 냄새가 흔히 어떤 감정과 연관되고, 그 냄새가 기억에 저장되는 까닭도 바로 여기에 있다. 또한 우울증이나 중독 같은 정신질환에 시달리는 경우에 기억이나 감정, 후각기능이 연쇄적으로 약화될 확률이 높은 이유 역시 냄새와 기억 간의 연결고리로 설명할 수 있다. 더불어 어떤 냄새를 맡고도 그 냄새를 어떤 기분 좋은 감정이나 기억에 더 이상 연결 짓지 못할 경우, 우울증으로 발전될 확률 역시 매우 높다.

하지만 루에게는 희망이 있었다. 냄새 맡는 능력을 천천히 상실

해가는 알츠하이머형 치매 환자들과는 달리, 그녀는 냄새를 맡지 못하는 '후각 상실증'에 걸린 건 아니니까. 다만 그녀는 어떤 냄새와 관련된 특정 기억이나 감정을 서로 연결하는 데 어려움을 겪을 뿐이다. 게다가 저번에 만났을 때 루는 안나에게 이제 후각기능 치료를 시작하면, 자기가 전에 아주 좋아하던 냄새를 맡을 때 느꼈던 기분 좋은 감각이나 기억을 다시 떠올릴 수 있을 거라고 말했었다. 그녀는 그 치료가 삶의 즐거움을 되돌려줄 거라고 잔뜩 기대 중이었다.

아차, 안나는 또다시 정신이 딴 곳에 가 있었다. 요즘 들어 이런 일이 점점 더 빈번해지고 있다. 아무래도 이 문제에 대해 엄마에게 말해야 하지 않을까? 물론 엄마는 깜짝 놀라 눈이 휘둥그레질 게 확실하지만. 이런 생각을 하는 안나 앞에는 당장 해야 할 일과 기획하고 구상해야 할 과제가 산더미처럼 쌓여 있었다! 사람의 집중력이 이렇게 갈수록 나빠질 수도 있는 걸까? 그녀는 또 몽상에 빠질 뻔했지만, 지금은 그 문제에 연연할 시간이 없었다. 그녀는 최대한 서둘러야 했다. 또 지각하지 않으려면⋯⋯.

🔗 기억과 후각능력의 신비에 대해 알고 싶으면, 130페이지로 가보세요.

04 오전 8시
도시냐 자연이냐?

아침 출근길에 늘 그렇듯, 오늘도 안나는 직장까지 어떤 길로 갈지를 잠시 고민했다. 눈길을 사로잡는 온갖 상품들이 진열된 쇼윈도가 늘어선 전형적인 파리의 대로를 따라가거나, 아니면 공원 오솔길을 가로질러 갈 수도 있었다. 이 시간이면 그 공원은 전날 흥청거리며 놀았던 몇몇 사람들만이 간간이 벤치에 앉아 꾸벅꾸벅 졸고 있을 뿐, 대체로 한적했다. 안나는 오늘 아침에 너무나 피곤해서 귀청을 때리는 도시 소음을 견디기 어려웠다. 그래서 공원을 통과해 출근하기로 마음 먹었다. 그곳은 전형적인 파리풍의 정원으로, 아직 이른 계절이었지만 꽃이 벌써 피어서 자연의 정취를 느낄 수 있었다.

공원으로 들어서며 안나는 얼마 전에 자연경관을 바라보기만 해도 창의적 사고력이 향상된다던 기사 내용을 떠올렸다.[08] 그런 유의 기사를 쉽게 믿지 않는 그녀는 엄마에게 직접 물었고, 엄마는 주변 환경의 물질적인 특징들이 우리 생각에 실제로 영향을 끼친다고 자신 있게 말했다!

연구자들은 공원 같은 자연환경의 다양한 시각 요소들이 그것을 바라보는 사람들의 정신 상태에 어떻게 영향을 미치는지 많은 시간을 들여 분석했다.[09] 그 결과, 연구자들은 자연환경, 특히 자연의 불규칙한 각도가 도시에 있는 쭉쭉 뻗은 건물들의 전형적이고 규칙적인 각도보다 더 새롭고, 재기발랄하고, 긍정적인 사고를 불러온다는 것을 증명할 수 있었다. 그러한 주장이 사실이라면, 그녀를 기다리는 하루가 시작되기 전에 안나는 우선 공원 안에 녹아들어 머릿속에 긍정적인 생각을 가득 채울 필요가 있었다! 모든 게 순조롭게 진행된다면 오늘 안나는 승진 대상자로 발탁되어 인사관리 책임자와 면담을 하고, 저녁에는 뜻깊은 자선 파티에 참석할 예정이므로 평소보다 늦은 시간에 하루를 마감할 터였다.

안나는 공원의 푸르른 오솔길 쪽으로 걸음을 재촉했다. 신선한 아침 공기를 가슴 깊숙이 들이마시고 싶었다. 그녀는 이런 행동이 창의력을 활성화하는 동시에, 수많은 신경·심리적인 트러블을 방지한다는 사실을 모르고 있었다! 어쩌면 안나가 그걸 모르는 편이 더 나을지도 모른다. 그 사실을 알았더라면 그녀는 자기가 자연 속에서 운동하기보다는 온갖 유혹으로 가득 찬 번화가와 쇼핑몰 안을 아주 느릿느릿 걷는 걸 훨씬 더 좋아한다는 이유로 틀림없이 죄책감을 느꼈을 테니까(그 결과, 그녀 옷장은 쇼핑한 옷으로 꽉 차 있었다).

최근 야외 활동의 이점을 찬양하는 과학 논문들이 쏟아지고 있다. 논문들에 따르면, 날마다 산책을 하면 우울증이 감소하고 사회성이 높아지며, 심혈관계 질환이나 퇴행성 신경질환에 걸릴 확률이 낮아지고, 어떤 문제가 생겼을 때 독창적인 해결책을 찾아내는 데 도움이 된다고 한다. "모든 위대한 생각은 걷는 동안 떠오른다." 라고 한 니체의 말이 백번 옳다! 하지만 안나는 산책이 자신의 신경세포에게 미치는 긍정적인 영향에 대해 생각하는 대신, 의도적으로 머릿속을 비웠다. 그리고 나뭇잎이 서로 스치는 소리, 얼굴을 어루만지는 바람의 느낌, 자기 앞에서 수줍게 콩콩거리는 참새들, 새들 사이에 오가는 생기 넘치는 대화에 차례차례 집중했다. 그건 야외에서 행하는 일종의 마음챙김 명상이었다.

그렇게 그녀가 오늘 해야 할 일에 대한 걱정과 부담감에서 조금씩 벗어나고 있던 찰나, 그녀가 좋아하는 노랫소리가 그녀 휴대폰에서 흘러나왔다. 엄마 전화였다. 엄마는 다음 주말에 노르망디 상륙작전이 펼쳐졌던 해변 중 한 곳에서 온 가족이 모이기로 했다는 소식을 전했다. 그 해변은 잘 알려지지 않아 바캉스철인 팔월 중순에도 해수욕을 즐기는 사람을 거의 찾아보기 힘들 만큼 한적한 곳이라고 했다. 정말이지, 요즘에는 너나 할 것 없이 정신없이 분주한 도시에서 어떻게든 벗어나려고 서로 눈치 게임을 하고 있다! 비록

안나가 뼛속까지 도시 사람이고 자동차 매연 냄새가 그녀 일상이
긴 하지만, 끝없이 펼쳐진 바다나 들판을 보면 안나의 마음은 빠르
게 가라앉으며 차분해졌다. 며칠 뒤면 그녀는 아이오딘을 함유한
사막 같은 그 한적한 해변으로 여행을 떠나겠지. 하지만 그때까지
는 평소보다 훨씬 더 빡빡한 예정으로 가득찬 나날을 참고 견뎌내
야 했다.

🔗 **자연이 우리 뇌에 어떤 신비로운 영향**을 미치는지 알고 싶으면
133페이지로 가보세요.

05
오전 9시
아, 지긋지긋한 스트레스!

안나는 이곳 분위기에 언제나 숨 막혔다. 짧게 자른 갈색 머리와 흰 머리, 짙푸른 양복, 주름 하나 없이 말끔하게 다림질된, 몸에 딱 달라붙는 흰색 셔츠와 하늘색 셔츠……. 완벽한 조합이었다. 저 사람들 모두가 같은 브랜드의 옷가게와 미용실에서 막 나온 것 같았다! 상견례를 손쉽게 통과할 이런 완벽한 사윗감들 사이로, 매끈하게 머리를 손질하고 짙은색 바지 정장을 입은 젊은 여자들이 간간이 보였다. 그녀들은 저마다 자신의 스마트폰 화면에 열중하고 있었다. 동료 몇몇이 안나에게 미소를 지어 보였다. 이제는 안나도 그 표정의 의미를 안다. 그건 친근감, 우월감, 공격성, 경계심, 질투 그리고 연민까지 골고루 뒤섞인 미묘한 감정을 의미했다. 안나는 바로 지금이 자신에게 일생일대의 기회이자 위기의 순간이라는 걸 알고 있었다. 이제부터 그녀는 앞으로 한 해 동안 진행할 프로젝트에 대해 발표해야 했다.

오늘의 프레젠테이션을 준비하느라 안나는 한동안 주말에도 쉬지 않고 바쁘게 일했다. 프레젠테이션 발표 자료를 다시 점검하고, 발표하는 동안 참석자들이 꾸벅꾸벅 조는 불상사를 막으려면 어떻게 해야 하는지 요령을 알려주는 동영상을 찾아 몇 시간씩 인터넷을 뒤지고 다녔다. 안나는 승진으로 향하는 관문이 될 이 테스트를 성공적으로 통과하고 싶었다. 솔직히 말해서 그녀는 그럴 자격이 충분했다. 하지만 그러려면 우선 지금 자기를 바라보는 모든 사람들을 설득시켜야 했다. 그런데 이 절체절명의 순간, 그녀는 갑자기 공포에 사로잡혔다. 준비한 내용이 하나도 기억나지 않았기 때문이다.

그토록 오랜 시간을 들여 발표 내용을 작성하고 연습했는데, 어떻게 이런 일이 일어날 수 있을까? 안나는 자기가 어린아이였을 때부터 엄마가 되풀이해 말해준 모든 조언을 충실히 따랐다. 우선, 텍스트를 쉽게 기억하기 위해 무턱대고 글을 수십 번씩 반복해 읽는 건 아무 소용이 없다. 아무 때고 수시로(샤워하면서, 산책하면서, 식탁에서도) 그 내용을 머릿속에 떠올려야만, 기억을 찾아가는 전체 과정이 무의식적으로 일어날 수 있다. 학창 시절 내내, 안나는 수업 내용을 기억하려면 열 번 배우고 한 번 외우기보다는 한 번 배우고 열 번 암기하는 게 더 낫다는 말을 귀에 못이 박히게 들었다. 그래서 지난 주말뿐만 아니라 오늘 아침 샤워를 하면서도 계속 발표 내용을 암기했었다. 하지만 극도의 스트레스 앞에서 그간의 모든 노력은 거품처럼 사라진 것 같았다. 어떻게 이럴 수 있을까? 안나는 자신이 처한 상황 때문에 극심한 스트레스를 받았고, 이 때문에 그녀의 뇌 활동이 느닷없이 단번에 정지된 게 틀림없었다. 그녀의 콜레스테롤* 수치 역시 천장 끝까지 치오른 게 분명했다!

우리가 뭔가에 도전할 때 받는 가벼운 스트레스는 인지능력이 요구되는 각종 업무의 수행에 긍정적인 영향을 미친다. 그러나 그보다 더 강도 높은 스트레스, 특히 외부에서 비롯된 스트레스는 우리를 완전히 당황하게 만들고,[10] 무엇보다 우리 기억력을 저해할 가능성이 있다. 지금 안나 머릿속에서 일어나는 일이 정확히 그랬다. 안나는 자기를 향하는 무표정한 얼굴들을 바라보면서 점점 더 생각의 끈을 놓치고 있었다. 그녀 눈에는 그 얼굴들이 아무런 표정이 없는 게 아니라, 오히려 입을 실룩거리며 비웃고 있는 것처럼 보였다. 마치 그녀가 느끼는 극심한 스트레스가 눈에 빤히 보인다는 듯이.

그 순간 문득, 안나는 스마트폰에 설치한 명상 앱이 머릿속에 떠올랐다. 그녀 친구들은 뭐 하러 그런 고리타분한 앱을 깔았느냐며 하나같이 그녀를 놀려댔었다. 하지만 어쩌면 그게 지금 이 순간

---

* 콜레스테롤은 부신에 의해 만들어지는 호르몬이다. 스트레스를 받을 때 분비되기 때문에 때때로 '스트레스 호르몬'이라고 불리기도 한다. - 저자 주

그녀를 구해줄지도 모른다! 머릿속을 텅 비우고, 심호흡을 하고, 심장박동수를 세고, 자신의 호흡에 집중하고, 무엇보다 자기가 승진할 자격이 충분하다는 걸 여기 모든 사람에게 증명할 절호의 기회를 놓쳐선 안 된다고 확신하기……. 바로 그때 그녀 얼굴에 한 가닥 미소가 피어올랐다. 발표할 내용 전체가 그녀 머릿속에 거짓말처럼 되살아났다. 그녀는 심호흡을 한 번 하고 나서 첫 번째 슬라이드를 띄웠다. 이제 그 무엇도 그녀를 멈출 수 없었다.

드디어 발표가 끝났다. 안나 몸은 녹초가 되었지만 부담감에서 해방되어 마음은 한결 가벼웠다. 안나는 간신히 휴대폰 전원을 켜고 화면에 나타난 엄마 얼굴을 보았다.

"그래. 얘야, 프레젠테이션은 어땠니? 난 계속 네 생각을 하고 있었어! 그렇게 많이 긴장하진 않았지?"

엄마는 안나가 발표 전에 얼마나 불안하고 초조한 상태였을지 가늠도 못 할 것이다.

"엄마, 말도 마!"

안나는 자기가 얼마나 스트레스를 받는지 엄마에게 이야기하기 시작했다. 모든 걸 완전히 까먹은 기분이 들었던 것, 머릿속이 새하얘져서 아무것도 생각나지 않았고, 직장 동료들 앞에서 웃음거리가 된 것 같다고 느꼈던 것, 그러고 나서 명상 수행의 마법 같은 효과까지 엄마에게 아주 세세하게 열심히 이야기했다. 그러자 안나 예상대로, 안나 엄마는 스트레스가 기억에 미치는 부정적인 영향에 관해 기나긴 설명을 시작했다. 엄마는 스트레스가 머릿속에 저장된 정보들을 불러내는 것을 방해할 수 있으며(실제로 안나는 그 위기를 가까스로 모면했다),[11] 명상이 스트레스뿐만 아니라 인지 수행 능력에도 큰 도움이 된다고 설명했다![12]

분명한 사실은, 안나는 완전히 실패로 끝날 뻔한 프레젠테이션을 명상 수행 덕분에 무사히 끝마칠 수 있었고, 명상 수행이 그녀가 최상의 인지능력을 발휘하도록 도와주었다는 것이다. 그럼, 그렇고 말고. 이 문제를 더 자세히 파고들어갈 필요가 있었다. 어쨌든 자신의 업무 능력을 향상할 수 있다면 무엇을 마다하겠는가! 평소와 달리, 안나는 엄마의 짧은 강의를 주의 깊게 들었다. 그러면서 한편으로는 오늘 힘들게 수고한 자신에게 어떤 보상이 좋을까 골몰하고 있었다.

🔗 스트레스가 우리의 인지능력에 미치는 영향에 대해 알고 싶으면 136페이지로 가보세요.

06

오전 10시
고생한 나를 위한
작은 보상

급성 스트레스를 유발한 프레젠테이션이 끝난 뒤, 안나는 잠시라도 '릴렉스' 할 시간을 원했다. 하지만 오전 근무시간에는 도저히 사무실에서 빠져나갈 틈이 없었다. 그녀에게 남은 방법은 딱 한 가지뿐이었다. 그녀 직장 동료들이 하루 종일 그녀에게 갖다 안기는, 숫자와 복잡한 그래프들로 가득 찬 파일에 몰두하는 척하면서 인터넷에 빠르게 공유되는 웃긴 비디오 클립을 보는 것. 문제는 사방이 오픈된 조용한 사무실에서 터져 나오는 웃음을 어떻게 참을지였다! 안나는 꽤나 모범적인 시청자였다. 꽈당 하고 넘어지는 사람, 빙판 위에서 미끄러지는 고양이, 그 하나하나가 안나의 웃음을 유발했다. 게다가 그녀는 아주 어릴 때부터 웃음이 많았다. 엄마 말에 따르면 다른 아기들과 마찬가지로 안나도 어린 시절에 숨바꼭질 놀이를 아주 좋아했고, 생후 3개월부터 놀랄 때마다 깔깔대며 웃음보를 터뜨렸다고 했다.

안나의 유머 감각은 그녀의 대뇌변연계* 덕택으로 볼 수 있다(물론 이 기관은 유머 감각뿐 아니라 두려움이나 기억과도 관계된다). 대뇌변연계는 하나의 장면에서 뜻밖의 모습이 튀어나왔을 때 그것을 감지하고, 이어서 일련의 근육 반응을 일으켜 웃음을 유발한다. 웃음은 우리 몸에서 보상체계와 쾌락체계를 활성화하는 역할을 한다. 그래서 스트레스를 유발한 상황이 지난 후, 안나 머릿속에는 즐겁게 휴식을 취하고 싶다는 갈망이 본능적으로 일어났다.

사람들이 쉼 없이 넘어지는 그 동영상을 틀자마자, 안나 얼굴에는 미소가 번지기 시작했다. 만약 눈치 보지 않고 미친 듯이 깔깔대며 웃을 수 있었다면 안나에게 정말로 큰 도움이 되었을 것이다. 안나는 몰랐겠지만, 그렇게 웃음보를 터뜨리고 나면 그 후로 한 시간 정도는 분명 신체적으로 (물리적인) 행복감을 느끼게 된다. 일석이조가 아닐 수 없다! 실컷 웃으면서 긴장도 풀린다니! 그걸 진즉에 알았더라면 온갖 예술적인 몸 개그를 다 모아놓은 사이트나, '웃음참기 챌린지'에 실패한 사람들이 나오는 동영상들을 훨씬 더 자주 봤을 텐데……. 정말이지, 그만큼 우스운 게 없었다!

---

* 대뇌변연계는 뇌 편도체, 해마, 시상하부, 측두엽 내에 위치한 변연피질이 서로 연결된 일련의 대뇌 구조물 집합체로 구성되어 있다. 이 시스템은 뇌의 기억에 관여할 뿐만 아니라, 후각, 동기 부여와 감정 처리 등 다양한 자율신경기능에도 관계된다. - 저자 주

일반적으로 사람들은 하루에 15번에서 20번 정도 웃는다고 한다. 하지만 안나 경우에는 날마다 그만큼 웃을 일이 없었다. 또한 그녀는 농담할 때 사용되는 이상적인 단어 수가 103개 정도라는 기사도 읽었으나 그게 사실인지 직접 확인해본 적은 없었다. 그 대신 그녀는 웃음이 쉽게 전염된다는 사실을 확실히 알고 있었다. 그녀는 최근에 엄마가 웃는 것을 보면서 자기도 덩달아 미친 듯이 웃은 기억을 떠올렸다. 설령 전혀 우습지 않은 상황이라도 엄마가 웃는 걸 보면 안나는 저절로 웃음보가 터졌다. 어쨌든 그때 웃음을 겨우 가라앉힌 엄마가 설명한 바에 의하면, 우리 뇌에는 웃음 감지기가 있어서 다른 누군가가 웃는 걸 볼 때 그 센서가 작동하면서 덩달아 웃음을 터뜨리게 된다.

안나는 어떤 젊은 개그맨의 원맨쇼를 이어폰으로 들으면서, 원우먼쇼를 하는 여자들은 왜 없을까 하고 궁금해했다. 혹시 남자들보다 여자들이 덜 웃긴다고 여자들을 세뇌한 남성중심주의의 잔재는 아닐까? 현실에서는 여자들이 더 웃길 때가 많은데……. 그렇지만 우겨봐야 소용없는 일이었다. 지금 그 개그맨은 남자들 속에서 살아가는 한 여자의 삶을 깨알같이 묘사하고 있었고, 안나는 아주 재미있었으니까. 게다가 분명한 사실은, 웃음이 정신 건강에 도움을 주고, 복잡한 개념을 기억하게 해주며, 주의력을 개선하고, 심지어 통증을 경감시키고, 면역체계와 심혈관계를 활성화한다는 사실이 증명된 이상, 앞으로 그녀는 날마다 잠시라도 깔깔대며 웃으리라는 것이었다. 결국 그건 일종의 의학적인 처방이 아닐까? 그리고 언젠가 미래에 그녀에게 아이들이 생기면, 그녀는 하루 종일 재미있는 장난이나 농담으로 아이들을 웃겨줄 생각이었다. 웃음은 아이들의 학습효과 역시 높여주기 때문이다.

웃음은 나이를 불문하고 누구에게나 엄청난 가치가 있다. 만약 안나 엄마가 어느 날 불행히도 퇴행성 신경질환에 걸린다면 그녀는 엄마를 웃기기 위해 무슨 짓이든 할 것이다. 연구에 따르면, 알츠하이머병 환자들 역시 웃으면 기분이 좋아지면서 상태가 호전된다고 한다. 하지만 그런 쓸데없는 가정으로 현재의 즐거운 순간을 망칠 필요는 없겠지.

금방이라도 터질 듯한 웃음을 참던 안나는 휴대폰에 뜨는 메시지를 보았다. 그녀는 오늘 오전 중으로 부장에게 프레젠테이션 발표 자료를 제출해야 한다는 걸 까맣게 잊고 있었다. 분명 뒷부분도 재밌을 텐데, 여기서 끊어야 한다니! 아쉽지만 안나는 다음을 기약했다. 지금 당장은, 단 일 분도 허비할 시간이 없었다. 그녀는 이제부터 자료 작성에 집중해야만 했다. 안나에게는 두 시간밖에 남지 않았다.

유머가 우리 뇌에 어떻게 작용하는지 이해하고 싶으면 139페이지로 가보세요.

07

오전 10시 30분
멀티태스킹 함정에 빠지다

좋아, 가보자고. 휴식 시간 끝! 이제 다시 일을 시작하자! 안나는 언제나 자기가 한 번에 열 가지 일도 할 수 있다고 확신했다. 그 증거로, 지금 그녀는 인사관리 책임자로부터 받은 메일을 보면서, 문자메시지들에 답장을 보내고, 동시에 오늘 저녁에 참석하기로 한 자선 파티에 어떤 옷을 입고 갈지를 고민하고 있었다. 그녀는 꿋꿋하게 자신이 '멀티태스킹(multitasking)' 모드에서도 아주 능률적이라고 우겼지만, 퇴근 시간이 다가올수록 무거워지는 피로감은 부정할 수 없었다. 심지어는 점심시간에 햄버거 가게로 배달 주문을 하려다가 (실수로) 어떤 남자 동료에게 주문 문자를 보낸 적도 있었다!

동시에 여러 가지 일을 수행할 수 있다는 느낌은 착각에 불과하다고 아무리 되풀이해 들어도 안나는 그 말을 믿지 않았다. 왜 주의력이 필요한 여러 가지 일을 동시에 할 수 없을까? 새로운 프로젝트를 준비하면서 메일을 읽거나 휴대폰을 보는 걸 왜 동시에 할 수 없을까? 그건 간단히 말해서, 그녀 엄마가 누누이 일러준 대로, 우리 뇌는 애초에 주의력을 요하는 여러 가지 일을 동시에 처리하도록 만들어지지 않았기 때문이다. 우리의 주의력, 다시 말해 우리가 최대한 능률적으로 어떤 자극이나 어떤 일에 집중하는 능력은 기껏해야 두 가지 정보에만 그것도 아주 간신히 나눠 쓰인다.

우리가 여러 가지 일을 동시에 할 때, (우리의 뇌는) 그중 오직 한 가지 일에만 주의력을 집중하고 나머지 일은 완전히 무의식적으로 수행한다. 말하면서 걷는 것이 그 예다. 안나도 그런 경지에 이르렀다. 그녀는 시내를 산책하면서 친구들과 휴대폰으로 수다를 떤다. 아무 생각 없이 걸을 수 있으므로 그녀는 대화에 집중할 수 있다. 하지만 안나가 하이힐을 신고 빙판 위를 걷는다면 친구들과의 자연스러운 대화는 불가능하다. 그런 위험한 상황에서는 아무 생각 없이 걷기란 어렵고, 미끄러지지 않기 위해 걷는 데 온통 주의력을 집중할 터이기 때문이다. 만일 안나가 통화를 하면서 횡단보도가 아닌 곳에서 길을 건너려는 나쁜 생각을 했다면, 그 경우 역시 마찬가지다! 안나는 자칫 차에 치일 수도 있다. 왜냐하면 (설령 아주 재밌는 대화가 아니더라도!) 통화에 집중하는 동시에 양방향에서 달려드는 차에도 주의를 기울이는 일은 어렵기 때문이다.

자, 그렇다면 어떻게 해야 안나가 오늘 내로 다음의 모든 일을 다 해낼 수 있을까? 부장이 정오까지 제출하라고 한 발표 자료를 마무리하기, 친구들의 인스타그램 메시지에 답장하기, 오늘 저녁 참석할 자선 파티에 입고 갈 의상 궁리하기, 내일 갈 레스토랑 예약하기 등. 그녀는 얼마 전에 엄마에게 들었던 조언을 따라야 한다는 걸 똑똑히 알았지만, 그건 별로 즐겁지 않은 일이었다. 하지만 빌어먹을 전화벨이 끝없이 울려대는 이상, 아쉽지만 휴대폰을 '비행기 모드'로 두고 일할 수밖에 없었다! 그리고 그녀는 업무에 집중하도록 30분 뒤에 휴대폰 알람이 울리도록 맞춰놓았다. 지금부터 30분간, 그녀는 자료 작성에 정신을 집중하기로 했다. 오직 그것에만. 30분이 지나면 안나는 휴대폰에 달려들어 메일들을 확인하고, 바깥 세상과 다시 접속할 수 있을 것이다.

휴대폰에서 울리는 알람 소리에 안나는 화들짝 놀랐다! 여기가 어디지? 그녀는 문득 정신을 차리고, 자기가 30분 전부터 허공을 바라보면서 컴퓨터 모니터 앞에 멍하니 앉아 있었다는 걸 깨달았다. 일에만 집중하기 위해 만반의 준비를 했는데도 그녀 뇌는 분명 다른 결정을 내린 모양이었다. 아니, 어쩌면 그녀는 아무런 자극이 없는 상태에서 몇십 분 동안 한 가지 일에 정신을 집중하는 능력을 이미 잃어버렸을지도 모른다. 만약 그렇다면 그건 정말로 염려스러운 일이었다. 그 순간 안나는 최근에 읽은 글의 내용을 떠올렸다. 정신은 이따금 멍한 상태에 빠질 필요가 있으며, 휴식 시의 뇌 활동은 어떤 의미에서 각 개인의 뇌가 가진 '고유한 특성'을 나타낸다. '오케이, 이제 정신 차리고 일에 매진하자, 전화기도 꺼놓고. 지금부터 30분 동안!' 당황한 안나는 이렇게 생각하며 정신적 방황에 관한 모든 문제는 일단 나중으로 미루고 업무에 허겁지겁 달려들었다.

그녀는 시간이 가는 줄도 몰랐다. 이번에는 발표 자료를 작성하는 일에 완전히 몰두했기 때문이었다. 휴우! 다행히 그녀는 여전히 필요한 경우에 자신의 인지능력을 동원할 수 있었다! 그러나 인지능력을 제때 사용하기가 점점 더 어려워지고 있었기 때문에, 안나는 이 일에서 저 일로 메뚜기처럼 폴짝폴짝 옮겨 다니지 않도록 항상 신경을 쓰고 주의해야겠다고 생각했다. 그러지 않으면 방금처럼 필요할 때 집중하지 못하는 상황이 또 되풀이될 거고, 그건 확실히 좋지 못한 징조였다.

지금 이 순간에도 처리해야 할 업무와 끝없는 미팅이 안나를 줄줄이 기다리고 있었다. 그녀는 어떻게든 집중력을 유지해야만 했다. 그녀는 오늘 아침처럼 스트레스 경감뿐 아니라 주의력 개선을 위해서도 마음챙김 명상을 시도해야 하지 않을까? 마음챙김 명상은 정신을 산만해지지 않게 하고 주의력을 향상하는 데 도움이 된다는 얘기를 어디선가 들은 적이 있었다. 마침 조금 후에 회의실에서 명상 무료 체험이 진행될 예정이었다. 만약 함께할 동료들이 있으면 그녀도 한번 참여해볼 생각이었다. 아니라면 그녀는 회사 맞은편의 공원으로 잠시 산책을 다녀와도 될지 부장에게 물어볼 수도 있었다. 어떤 연구 결과에 따르면, 자연 속에서 한 시간 동안 산책을 하면 주의력이 20퍼센트나 증가한다고 합니다! 물론 그녀 상사는 그 말에 콧방귀를 뀔 게 분명했다. 하지만 숲이나 공원에서 자연의 아름다움에 잠시 빠져들기만 해도 노동에 집중되었던 주의력을 다시 본래 상태로 되돌릴 수 있고, 이는 꽤나 값진 성과다.

지금 안나는 자기가 완성한 프레젠테이션 자료를 읽어보면서 이런 생각을 하고 있었다. '급히 작성한 것 치고는 꽤 괜찮네!'

우리 뇌가 멀티태스킹에 적합하지 않은 이유를 알고 싶으면 142페이지로 가보세요.

08　오전 11시 30분
그런데… 누구였더라?

안나는 부장이 정오까지 애타게 기다릴 발표 자료를 인쇄하기 위해 프린터 쪽으로 걸어갔다. 그때 어느 삼십 대 남자가 그녀에게 인사를 하기 위해 미소를 지으며 다가오는 모습이 보였다.

'이런, 야단났네. 저 사람이 누군지 전혀 기억이 안 나!' 저 사람과 안면이 있는 건 분명한데 그 외에는 아무것도 생각나지 않는 일이 어떻게 가능할까? 그의 이름도, 어디서 그를 알게 되었는지도, 그와 얼마나 친한 사이인지도 그녀는 전혀 떠오르지 않았다. 잠깐, 만약 안나가 그 남자와 잘 아는 사이라면 몇몇 단편적인 기억이라도 떠오르지 않았을까? 이렇게 아무 생각도 나지 않는 걸 보면 아마 회사 복도에서 한두 번 마주친 사이에 불과한 듯하다. 어쨌든, 이 상황을 그녀는 어떻게 빠져나가야 할까?

오늘 안나는 벌써 두 번째로 자신의 머리와 기억력을 탓하고 있었다(아, 제발!!! 아무리 엄마가 신경심리학자면 뭘 해? 이렇게 내 기억력이 나쁜걸. 그녀는 그렇게 투덜대는 걸 잊지 않았다). 그러면서도 한편으로는 지금 그의 이름을 너무 애써서 기억해내려 할 필요가 없다는 생각이 들었다. 그녀에게 말을 걸려는 이 매력적인 남자의 이름은 틀림없이 그녀의 뇌 속 어딘가에 저장되었을 터였다. 어떤 단어가 생각날 듯 말 듯 혀끝에서 맴돌 때 그 단어는 단어의 기억을 담당하는 영역 안 어딘가에 숨어 있으며, 다만 원하는 순간에 그걸 되살려내기가 어려울 뿐이다.[13] 그녀는 우선 최대한 시간을 끌어보기로 결심했다. 어쨌거나 그가 입을 여는 순간, 그에 대해 최소한 정보 하나는 추가로 얻을 수 있을 테니까. 바로 그의 목소리 말이다!

"안녕 안나, 어떻게 지내?"

그의 정겨운 인사에 그녀는 당황한 기색을 들키지 않으려 애썼다. 그녀 뇌 속의 기억과 관련된 측두엽(뇌의 옆쪽, 양쪽 관자놀이 바로 위에 있는 부분)에 위치한 신경세포들이 바쁘게 움직이는 게 느껴지는 듯했다. 아, 우린 서로 반말을 하는 사이군. 그는 내 이름을 알고 있어. 전혀 머뭇거리지 않고 내 이름을 말했어. 그런데 그는 누구지? 그녀는 뇌의 시각 영역 안에 자기가 아는 5000개 정도의 얼굴에 대한 인식을 담당하는 특별한 부위가[14] 있음을 알고 있었다.[15] 하지만 지금 이 순간 그 신경세포들은 도대체 뭘 하고 있는 걸까? 안나는 얼마 전에 라디오에서 들었던, 물고기들이 얼굴을 인식한다는(정말일까, 피질도 없는 생명체들이?)[16] 이야기보다 지금 이 상황이 훨씬 더 이상하고 이해가 가지 않았다. 자신의 뇌가 어떻게 조그만 물고기의 뇌보다 더 저능한지도 의문스러웠다.

안나는 두 눈을 질끈 감아버렸다. 그래, 차라리 당장 복도 한가운데에서 실신한 다음, 그대로 사라져버리면 어떨까? 지금 내 앞에서 환한 미소를 지으며 말을 걸고 있는 이 남자한테 당신이 누군지 전혀 모르겠다고 말하느니 차라리 그게 더 나을 텐데! 어쨌든, 기절해 쓰러진 젊은 여자에게 저 남자 이름이 뭐냐고 물어볼 사람은 없지 않을까? 구급대원들이라면 혹시 또 모르지! 영화에서 그런 장면들을 본 적이 있었다. 실신한 사람이 의식이 돌아오는 순간, 그가 완전히 정신을 차렸는지 알아보기 위해 구급대원이 질문을 연이어 퍼붓기 시작한다. 당신 이름이 뭡니까? (다행히 그 정도는 대답할 수 있을 것이다!) 오늘이 며칠이죠? (이 물음에 대한 대답 역시!) 하지만 그다음에 그 사람에게 주변 사람들의 이름을 물어본다면 과연 어떤 일이 일어날까?

이대로 쓰러져 기절한 척할까 말까 저울질하던 그 순간, (이대로 기절해버리면 무엇보다 하루 일정이 뒤죽박죽될 테고, 이런 사소한 일 때문에 오늘 하루를 몽땅 망칠 수도 있고, 그녀가 임신했다는 오해를 불러일으킬 수도 있었다) 갑자기 안나 머릿속에 모든 기억이 기적처럼 되살아났다! 그의 이름, 그들이 만났던 장소(맞아, 안나의 직장 동료인 마르고의 사무실이었지) 그리고 그가 누구인지까지. 그는 바로 마르고의 새 남자친구였다. 아래층에서 일하는 그는 아마도 마르고를 만나려고 그럴듯한 구실을 찾던 게 분명했다. 안나는 침착하게 숨을 다시 쉬기 시작하면서 말을 아주 빠르게 내뱉었다.

"아, 안녕! 그런데 미안하지만, 지금 급하게 인쇄할 문서가 있어서 이만 가봐야겠어. 점심때 마르고랑 식사나 같이 할까?"

마치 아무 일도 없었다는 듯이, 자신의 뇌가 다시는 이런 식으로 자신을 골탕 먹이지 않았으면 좋겠다고 생각하면서! 그녀는 이전에도 사람들의 얼굴을 그리 잘 알아보는 편은 아니었다. 그래도 아직 서른도 안 된 나이에 만나는 사람들의 이름을 잊어버리는 건 심한 일이다. 하지만 안나는 한탄하는 대신, 발표 자료를 출력하기 위해 그 자리를 단호하게 떠났다. 늦어도 점심시간 전에 부장에게 자료를 제출해야 하니까. 그나마 시간을 제대로 지키게 되어 다행이었다! 최근 연구 결과에 따르면, 대뇌피질의 전운동영역(premotor area)에는 시각, 청각 등의 신체감각에 대한 반응지속시간을 관리하는 능력이 있다.[17] 그러므로 안면을 인식하는 신경세포들이 제 기능을 하지 못할 때는 반응지속시간을 관리하는 뇌 영역에 모든 걸 맡기는 편이 낫다!

🔗 **얼굴 인식의 신비**에 대해 알고 싶으면, 145페이지로 가보세요.

09

12시 45분
점심시간만 기다렸는데

안나는 마르고와 그녀 남자친구(안나는 아직도 그의 성이 기억나지 않았다)와 함께 사내 식당 쪽으로 즐겁게 걸어가고 있었다. 겉으로 전혀 티 내지는 않지만, 사실 안나는 심각한 딜레마에 빠져 있었다. 월요일마다 안나와 마르고는 자신들만의 의식을 치렀다. 그녀들에게 월요일이란 울적한 기분을 달래기 위해 '아주 기름지고 달달한 점심'을 먹는 날이었다. 감자튀김, 케첩, 마요네즈를 곁들인 전통적인 햄버거에 디저트로는 초콜릿 에클레르. 어쨌든 월요일 오전 시간에 겪은 기억을 떨치려면 안나는 그런 음식이 절실했다!

하지만 지금 그녀는 안 읽었더라면 좋았을 그 기사를 떠올리며 마음속으로 욕을 퍼붓고 있었다. 그 기사는 인간의 장내 박테리아가 뇌 활동과 긴밀하게 연관된다는 내용이었다. 더 고약한 부분은 우리가 먹는 음식이 신경세포의 기능에 영향을 미친다는 사실이었다. 안나는 그 기사를 믿고 싶지 않았다. 하지만 인터넷으로 이리저리 확인해본 뒤, 기사 내용이 명백한 사실임을 인정할 수 밖에 없었다. 태어나자마자 아기가 최초로 섭취한 음식(모유인지 조제유인지)은 아이의 뇌 발달에 영향을 미친다![18] 그게 신생아에게만 해당하는 이야기라면, 그녀는 여전히 위급한 현실을 직시하지 않으며 먹고 싶은 음식을 계속해서 먹었을 것이다. 물론 몸매를 유지하는 한도 내에서. 하지만 그녀는 이미 그 기사 내용 때문에 죄책감을 느끼기 시작했다!

지나치게 기름지고 단 음식물은 신경계를 교묘하게 변질시키고 뇌의 특정 구성요소에 염증을 일으켜 인지장애를 야기할 가능성이 있다.[19] 오늘 아침에 일시적인 기억상실로 창피를 당할 뻔한 일만 봐도, 먹고 싶은 대로 가리지 않고 마구 먹다가는 어느 날 돌이킬 수 없는 상태로 치달아 결국 치매 환자가 될지도 모른다.

마르고는 샐러드바 쪽으로 가려는 안나를 이해하지 못하고, 평소에 늘 먹던 햄버거 감자튀김 세트를 주문하러 가자고 안나 소매를 끌어당겼다. 하지만 안나는 그녀에게 애처로운 눈길을 던진 뒤 변심의 이유를 애써 설명하는 대신 그녀 손을 살짝 밀쳐내고 접시에 생채소를 담으러 갔다. 괜히 그 자리에서 그 이유를 밝혀서 분위기를 망치고 싶진 않았다! 물론 친구들에게 건강한 식습관의 중요성에 관해 말해줄 필요는 있었다. 친구들을 내버려두고 혼자서만 뇌 건강을 챙긴다면, 그때도 안나는 죄책감을 느낄 테니까.

각오를 새롭게 다지고 자신의 식단뿐 아니라 친구들 식단까지 신경 쓰는 일도 좋지만, 무엇보다 그녀는 항상 후회하고 자책하는 나쁜 습관에서 벗어나야 했다. 아직 오후 한 시밖에 안 되었는데 안나는 벌써 프레젠테이션 시작 전에 스트레스를 받은 일, 마르고 남자친구의 이름을 까맣게 잊어버린 일, 자신의 잘못된 식습관 등의 이유로 자신을 질책하고 있었다. 안나도 스스로가 언제나 자신을 혹독하게 채찍질할 생각만 한다는 걸 알고 있었다. 하지만 이제 결심했다. (이제부턴) 그러지 않기 위해 최선을 다할 것이다. 최근에 안나가 읽은 글에서 말하길, 우리는 자기 자신에게 관대하고 스스로를 친구처럼 대해야 한다.[20] 그녀의 트레이드마크와 같은 행동, 즉 끊임없이 자기를 비판하고 반성하는 태도 그리고 자기 연민 없이 언제나 자신에게 엄격한 태도는 우울증을 유발하는 요인이다! 그동안 그녀는 자신에게 너무 가혹했다! 기억력이 퇴화할지 모른다는 생각만으로도 이렇게 무서운데 거기에 더해서 우울증까지 걸린다면 정말 끔찍한 미래였다!

그녀는 결국 샐러드 한 접시(물론 소스 없이), 구운 연어 필레 그리고 작은 일탈이라고 할 수 있는 화려한 일 플로탕트*를 집어들고 테이블로 돌아갔다. 이 정도면 그녀로선 스스로에게 아주 관대한 처

---

* 오븐에 구운 머랭을 크렘 앙글레즈 소스 위에 올리고 그 위에 시럽을 뿌려 굳힌, 프랑스 전통 디저트.

사였다. 그러면서도 안나는 자기가 자신의 뇌에 유익한 행동을 했다는 사실은 몰랐다.

채소와 과일은 그녀 몸에 각종 비타민과 항산화물질을 공급해 그녀가 스트레스와 퇴행성 신경질환에 걸리지 않게 한다. 달걀에는 '행복 호르몬'이라고 불리는 세로토닌의 구성요소인 트립토판이 풍부하므로 그녀 기분을 우울하지 않게 해준다.[21] 또한 기름진 생선에 다량 함유된 오메가-3는 뉴런 생성에 필수적일 뿐 아니라 인지능력에 긍정적인 영향을 미치고 노화를 방지해주는 비타민 B_6 생성을 돕는다.[22] 마지막으로 디저트에 함유된 포도당은 그녀 뇌에 에너지를 공급해, 기억력을 개선하는 데 도움을 준다. 그 효과는 그녀처럼 젊은 실험 대상자들에서 특히 두드러지게 나타난다.[23]

안나 뇌에 좋은 소식은 또 있었다. 지금 마르고는 이번 여름 바캉스를 어디서 어떻게 보낼지 계획을 짜자며 안나를 부추기고 있었다. 그녀들은 휴가지를 고를 때 햇빛을 최우선 조건으로 생각했다. 안나와 마르고에겐 휴가 장소가 어딘지보다 구릿빛으로 그을린 멋진 몸으로 휴가지에서 돌아오는 것이 더 중요했다. 누구도 그녀들 말을 듣지 않은 건 천만다행이었다. 누군가 그녀들의 대화를 들었다면 그녀들이 선탠 부족증(tanorexia)에[24] 걸렸다고 의심했을 테니까. 노출하지 못해 안달이 난 노출 중독자처럼 선탠에 중독되었다고 말이다.[25]

선탠이 피부에 염증반응을 초래한다는 사실은 이제 널리 알려져 있다. 그런데 이러한 염증반응은 애초부터 중독적이거나 의존적인 행동을 했을 때 체내 시스템의 메커니즘이 활성화되어 일어나는 결과로, 일부 사람들이 과다 노출의 부작용에도 아랑곳하지 않고 계속해서 선탠에 집착하는 모습을 보인다고 해서 이상할 일은 아니다. 더욱이 안나와 마르고처럼 햇빛을 즐기고 싶은 욕구는 중독 현상이라기보다 겨울이 지난 뒤에 비타민 D 결핍이 찾아오면서 생겨난 본능적인 신체 욕구에 해당한다. 그러니 그녀들의 휴가 계획은 아주 합리적인 선택이었다. 약간의 햇빛은 그녀들의 신체 및 정신에 도움이 되며, 잘 알려진 것처럼 겨울에 찾아오는 계절성 정동장애*에 걸리지 않게 해주기 때문이다!

게다가 안나 엄마도 안나의 선택을 반길 터였다! 지난 주말에 안나는 다른 어느 때보다 식탁에서 엄마가 하는 말을 귀담아들었다. 그때 엄마는 아주 최근의 연구 결과에 대해 들려주었다. 그 연구를 통해 빛의 밝기 정도 즉 광도가 세상에 대해 우리가 내리는 판단에 영향을 미친다는 사실이 확인되었다고 했다. 놀랍게도 어떤 가치중립적인 이미지가 높은 광도 아래 제시될 경우, 우리는 그 이미지를 더 긍정적으로 판단한다![26] 그러니까 마르고와 안나

---

* 계절의 변화가 기분에 심각한 영향을 주면서 우울증으로 발전하기도 하는데 이를 '계절성 정동장애'라 한다. 이 증상의 발생 원인은 아직 정확하게 밝혀지지 않았지만, 계절에 따른 일조량의 변화와 관련이 있는 것으로 추정된다. 그래서 특히 가을과 겨울에 우울증과 무기력증이 악화하는 경향이 있다.

는 휴가지에서 그 연구 결과를 몸소 보여주는 피실험자가 될 것이다! 그녀들은 찬란한 햇빛 아래에서 인생이 훨씬 더 장밋빛으로 보인다는 사실을 직접 확인할 수 있으리라.

🔗 우리가 섭취하는 음식이 우리 뇌에 미치는 영향을 알고 싶으면 148페이지로 가보세요.

10

오후 1시 30분
자꾸만 딴 생각을 하게 돼

안나는 방금 마르고네 커플과 헤어져 사무실까지 이어지는 복도를 쭉 걸어가고 있었다. 끊임없이 하품이 나왔다. 안나와 마르고는 5월 주말 연휴에 떠날 휴가지를 마침내 결정한 참이었다. 여름이 오기 전에 두 친구는 코르시카섬에서 며칠간의 휴가를 보내리라! 벌써 안나는 바다가 코앞에 펼쳐진 소나무 숲에서 해먹에 누워 흔들거리는 자기 모습이 눈에 아른거리는 듯했다. 천년 묵은 그 소나무 위에서는 새들의 노랫소리가 들려오고, 안나는 그 노래를 자장가 삼아 잠들겠지. 정말 꿈같은 광경이었다!

하지만 사무실에 돌아와 자리에 앉자마자, 안나의 주의력은 다시 조금씩 흐려지기 시작했다. 안나는 모르고 있었지만, 해먹의 흔들림은 빠르게 잠들게 하고 깊은 잠을 푹 자게 해주며, 기분과 인지능력에도 좋은 영향을 미친다는 사실이 최근 증명되었다.[27] 흔

들리는 해먹에 누운 채 일을 하다니! 신경과학 분야 연구의 미래는 매우 밝다. 언젠가 안나가 부장에게 해먹의 장점을 설명할 수 있게 되면 좋으련만, 그건 말 그대로 꿈일 뿐 그리 쉽게 이루어질 일은 아니었다!

그날이 오기를 기다리며 안나의 정신은 또다시 방황을 시작했다. 오늘 아침 그녀는 간신히 정신을 집중하는 데 성공했다. 하지만 점심시간이 지난 지금은 집중하기가 더더욱 어려웠다. 그녀는 일정을 제대로 소화해내지 못할 것 같다고 생각하며 몸과 마음이 축축 늘어지는 오후 시간 동안 해야 할 일 목록을 살펴보았다. 목록을 보니 더욱더 의기소침해졌다. 이렇게 머릿속이 바캉스에 대한 생각으로 가득 찬 지금, 안나가 부유하는 자기 생각을 붙잡을 방법이 있기나 할까? 눈앞에 있는 보고서의 푸른빛은 그녀를 아주 먼 바닷가로 데려갔다. 이제 그녀는 지난 바캉스를 생각하기 시작했다. 그러자 그때 해변에서 사귄 어떤 친구가 떠올랐다. 그 친구는 지난주에 안나에게 전화를 했었다. 그리고 이번 토요일에 열리는 파티에 그녀를 초대했다. 그 생각이 떠오르자 안나는 그 파티에 뭘 입고 갈지 고민하기 시작했다.

그러는 동안 안나 뇌는 특정한 업무를 처리하는 상태가 아니라 '휴지 상태'가 되었다. 뇌의 활동이 텅 빈 상태, 시쳇말로 '멍 때리기'에 해당하는 이 상태는 개개인 뇌에서 전형적인 유형을 보인다.[28] 어떻게 보면, 멍 때리기란 뇌가 어떤 특정한 임무도 처리하지 않는 상태, 그래서 어떤 특정한 작동 양식도 드러내지 않고 있는 상태라고 할 수 있다. 여기서 우리는 안나를 안심시킬 필요가 있다. 뇌의 이러한 이탈 상태는 염려할 필요가 전혀 없다. 하루 일과 시간 동안 뇌 활동은 특정한 운동 임무나 인지 임무를 수행하기 위해 거기에 집중하는 단계와 정신이 산만해지는 단계 사이를 오락가락하게 된다. 그리고 적당한 휴지기를 가진 뒤에야 우리는 비로소 본래 수행해야 할 임무로 집중력을 투입할 수 있다.

바로 이 순간, 안나는 잡생각이 오가는 멍한 상태에서 명백한 수면 상태로 스르르 빠져드는 걸 느꼈다. 졸음을 이기려 애써도 소용없었다. 안나는 눈을 감고 잠에 빠졌다. 잠들기 전 찰나의 순간, 그녀는 '아주 잠깐만 살짝 졸다 일어나야지.'라고 생각했다. 안나는 낮 동안 특히 점심시간 이후에 종종 인지 과정의 효율성과 주의력이 저하되는 증상을 겪었다. 이는 특히 젊은이들에게서 자주 나타나는 현상이다. 수면 부채(sleep debt)* 상태에서 피실험자들의 하루 뇌 활동을 기록하고 인지능력을 테스트한 결과, 인지적 효율성과 뇌 활동성이 하루에도 여러 차례 감소한다는 사실이 확인되었다.[29] 피실험자들은 이 같은 사실을 의식하지 못하기도 했는데, 만약 뇌 활동이 저하되었을 때 운전 중이거나 여타의 위험한 상황

---

* 충분한 수면을 취하지 못해 부족한 잠이 누적되면서 건강에 부정적인 영향을 미치는 것을 말한다.

에 처해 있다면 큰 문제가 발생할 수도 있다.

그럼에도 불구하고, 안나는 잠을 자는 동안 뇌가 최근 기억을 강화한다는 사실을 몰랐다![30] 밤에 자는 잠이 뇌의 능력을 향상시키는 건 물론이고, 낮잠 또한 기억의 흔적이 손상되는 걸 막아주면서 기억을 보호하는 기능을 한다. 더욱이 낮잠은 모든 연령대에서 각성과 효율성의 수준을 향상시킨다. 하지만 낮잠을 30분 이하로 잘 경우에만 주의력은 향상된다! 날마다 낮잠을 오래 자는 습관은 오히려 노년층에게 장기적으로 치명적인 신체적·정신적 문제를 초래할 우려가 있다.[31] 다행히 10분 뒤 안나 휴대폰이 낮잠 시간이 끝났다는 알람을 울렸다. 안나는 이제 책상 위에 쌓인 문서 더미에 달려들 수 있을 만큼 컨디션이 회복되었다고 느꼈다. 특히 이 모든 일의 원흉인 저 파란색 서류철로 말이다! 그녀는 그 전에 우선 커피부터 한 잔 마셔야겠다고 생각했다. 커피를 마시면 아마 좀 전과 같은 일이 더 이상 일어나지 않으리라.

🔗 휴식 상태에서 일어나는 뇌 활동에 대해 알고 싶으면 151페이지로 가보세요.

11 오후 2시
카페인 수혈이 필요한 순간

직장 동료 대부분이 그러듯이, 안나는 커피머신 쪽으로 다가가면서 차(아니면 진한 커피) 한 잔이 아직 한참 남은 긴 오후 시간 동안 자신의 주의력을 붙들어주길, 무엇보다 이따 오후 2시 반에 있을 인사관리 책임자와의 미팅에서 최상의 컨디션을 유지하도록 해주길 바랐다. 약 20년 전부터 차나 커피 같은 카페인 음료가 인지기능, 그중에서도 특히 주의력에 미치는 영향을 증명한 연구가 눈에 띄게 증가했다.[32] 이 연구들은 심지어 (그 형태가 어떻든) 카페인을 첨가한 따뜻한 물도 커피나 차와 똑같은 효과를 낸다는 사실을 증명했다. 카페인 음료가 아니라 카페인이 함유된 다른 음식을 먹어도 주의력과 각성에 미치는 영향은 동일하다.[33] 그런가 하면, 놀랍게도 차는 다른 따뜻한 음료보다 신체 기관을 덥히는 데 훨씬 더 강력한 효과를 내며, 차에 우유를 첨가하면 기분이 좋아지고 불안이 감소하는 결과가 나타났다.

이러한 사실을 알았다면, 안나는 분명히 작은 잔의 에스프레소 대신 큰 잔의 밀크티를 마셨을 것이다. 하지만 그런 일이 일어날 가능성은 전혀 없었다. 그녀는 밀크티를 싫어했으니까! 기호대로 음료를 마시는 행동 역시 나쁘지 않은 선택이다. 왜냐하면 생리적인 이점이 과학적으로 증명된 음료라고 하더라도, 오늘날 누구나 알고 있는 것처럼 '점화 효과'*도 무시할 수 없기 때문이다. 즉 커피든 차든 카페인이 함유된 음료를 마시지 않고 눈으로 보기만 해도, 신경회로망이 눈에 띄게 활성화된다.[34] 우리 뇌가 우리도 모르게 우리를 속이는 셈이다. 다시 말해 민트 음료가 초록색을 띨 경우 민트 맛을 더 강하게 느끼는 것처럼, 에너지 음료를 눈으로 한번 보기만 해도 인지기능은 '파워업' 된다. 따라서 즉각적으로 각성 효과를 보려면 커피를 보거나 커피 향을 맡아야 한다! 이러한 최근 연구를 모른 채, 카페인의 효과를 누리고 싶었던 안나는 에스프레소를 홀짝이면서 30분도 채 남지 않은 인사평가 면담을 머릿속으로 준비했다.

어쩌면 인사관리 책임자는 근래에 안나가 보인 모든 노력에 대해 감사를 표할지도 모른다. 그런 유의 표현은 확실히 직원들의 스

---

*   앞서 경험한 자극이 이후 생각과 행동에 영향을 주는 현상.

트레스를 줄여주고,[35] 그들의 수면 습관을 개선시키며 심지어 그들의 신체 건강까지 향상시킨다.[36] 하지만 꿈을 깨자. 이 회사에는 그런 관례가 없으니까!

사장의 호출을 받았을 때, 안나는 뭔가 큰일이 벌어질 듯한 불길한 예감이 들었다. 예의 그 '가면증후군'**이 그녀를 계속 집요하게 괴롭혔다. 안나는 회사 사람들이 기필코 자신의 실체를 알아낼 것이며, 그녀가 현재 직위에 필요한 자격을 충분히 갖추지 않았다는 사실이 언젠가 들통나리라 믿고 있었다. 그러면 그녀는 해고되고 죽을 만큼 창피하겠지만, 그건 그리 놀랄 일도 아니라고 안나는 생각했다. 그녀가 생각하기에 실제로 자신은 현재 직위에 조금도 걸맞지 않는 인물이었으니까. 이런 감정을 일일이 나열하는 행동은 그녀에게 전혀 도움이 되지 않았다. 그녀는 백일하에 진실이 폭로되는 건 단지 시간문제이며, 그 일이 며칠 아니 몇 분 안에 일어날지도 모른다는 (사장이 그녀를 호출했으니까!) 생각을 떨치지 못했다.

안나는 다음과 같은 글을 읽은 적이 있었다. 우수한 인재일수록 이런 의심을 품을 위험이 더 높으며,[37] 그런 현상은 결코 병이 아니라 그냥 의심하고 자책하는 성향에 불과한 만큼 '증후군'이라 불러서는 안 된다는 내용이었다. 그럼에도 안나는 여전히 겁이

** 대중적으로 성공한 사람이 자신에 대해 '나는 자격이 없는데 운 덕분에 또는 주변 사람들을 속여 이 자리에 온 것'이라 생각하며 스스로 불안해하는 심리.

났다. 게다가 요즘은 자기 자신을 어느 정도로 사기꾼이라고 생각하는지 측정하는 테스트도 있다.[38] 안나는 굳이 테스트를 할 필요가 없었다. 그녀가 항상 남들을 속이고 있다고 느끼는 이상, 최고 점수를 받을 게 틀림없으니까. 그녀는 가면이 벗겨지는 걸 너무 두려워했기 때문에 그 누구에게도 자신의 감정을 감히 말할 엄두를 내지 못했다. 엄마에게도, 친구들에게도. 엄마는 안나 얘기를 듣는 즉시 그녀를 설득하려 할 테고, 친구들은 빈틈이라고는 전혀 없이 모두가 부러워하는 커리어우먼으로 살아가는 그녀가 왜 그런 생각을 하는지 의아해 할 게 확실했다.

이리하여 그녀는 다시 자책의 악순환으로 돌아왔다! 이 고약한 가면현상은 그녀를 고통스럽게 했고, 그런 생각을 하며 그런 식으로 반응하는 스스로를 책망하게 했다. 도대체 그녀는 어디까지 자책해야 성이 찰까? 그녀는 자신감 있는 사람들이 정말로 부러웠다. 하지만 그건 백 퍼센트 진심은 아니었다. 사실 그녀는 자신감 가득한 사람들에 대해 자만심에 젖어서 자신들의 결점은 거의 보지 못하며 우스꽝스럽다고 생각하고 있었다! 안나는 마음의 안정을 약간 되찾은 뒤, 면담 전에 몇몇 메일에 답을 보내기 위해 자기 자리로 돌아갔다.

🔗 **카페인의 신경생리학적 효과**에 대해 알고 싶으면 **154페이지**로 가보세요.

12 오후 2시 30분
승진을 IQ로 결정하다니

안나는 아까 마신 커피 한 잔이 이후의 일과에 필요한 에너지를 불어넣어 주리라 기대했지만, 인사관리 책임자의 방으로 가는 그녀 발걸음은 영 불안해보였다. 비서가 들어가라는 눈짓을 보냈을 때 그녀의 머릿속은 이런 생각 때문에 혼란스러웠다.

"안녕하세요, 안나. 만나서 반가워요!"

인사관리 책임자가 그녀에게 손을 내밀며 말했다. 안나가 축축한 손을 마주 내밀고 "안녕하세요, 팀장님."이라고 중얼거리듯 말하자, 책임자는 사무실 옆에 딸린 작은 방으로 안나를 이끌었다. 그곳은 안나가 한 번도 들어가 본 적 없는 방이었다.

"오늘 당신은 몇 가지 테스트를 치를 거예요. 우리는 당신에게 새로운 직책을 제안할 생각인데, 그 전에 당신이 새 직책에 합당한 능력을 지녔는지 확인해야 하니까요."

안나 심장이 갑자기 콩닥거리기 시작했다. 그들은 예상했던 결과를 확인하게 될 터였다! 테스트 결과를 통해 그들은 그녀가 승진할 수 없다는 걸 알게 될 뿐만 아니라, 종래에는 그녀가 현재 직위에도 자격 미달이라는 사실을 눈치채리라.

안나는 정신을 가다듬어보려 했지만, 온갖 생각들이 머릿속에서 두서없이 복작거렸다. 그들이 무슨 권리로 내 지능을 테스트하려 한단 말인가? 그리고 무엇보다 테스트가 과연 무엇을 증명할 수 있을까? 그녀는 어릴 때부터 엄마에게 늘 들었던 말을 그들에게 그대로 들려주고 싶었다. 우선, IQ와 학업성적은 아무런 관계가 없다. 그리고 IQ와 직업상의 성공은 그보다 훨씬 더 상관이 없다. 게다가 IQ가 무엇을 테스트하는가? 주로 지적 수준을 평가하기 위해 상정된 문제들에 답하는 능력이 아닌가![39] 하지만 지적 능력을 평가하는 테스트들은 주로 시각, 청각, 언어, 주의력 등의 능력을 검사할 뿐이다.

게다가 얼마 전에 안나는 플린이라는 사람이 지능지수는 같은 연령 내에서 비교했을 때 해가 갈수록 높아지는 경향이 있다고 밝힌 기사를 읽은 적이 있었다. 예를 들어 2001년에 테스트를 받은 10세 아동들은 2000년에 테스트를 받은 10세 아동들보다 IQ가 더 높게 나타난다. 즉 모든 세대는 이전 세대보다 IQ가 항상 더 높게 나타난다.[40] 만약 '플린 효과'*를 믿는다면 안나 엄마뻘인 인사관리 책임자와 안나의 나이 차이를 고려할 때 아마 그녀가 안나 나이였을 때의 IQ보다 현재 안나의 IQ가 몇 점 더 높을 것이다! 하지만 문제는, 오늘 테스트를 보는 사람이 눈앞의 책임자가 아니라 안나 자신이라는 사실이었다. 게다가 공교롭게도 그녀는 오늘 컨디션이 좋지 않았다. 그녀는 철야로 일했던 지난 며칠간을 원망했다. 하지만 사람이 어떻게 항상 최상의 컨디션을 유지한단 말인가? 혹시 그녀가 이 테스트에서 비참하게 떨어진다면 어떻게 될까?

방 안으로 들어서면서 안나는 마치 도살장으로 끌려가는 동물이 된 기분이 들었다. 언젠가는 반드시 이 자신감 부족이 어디서 비롯되는지 이해하고 변화를 꾀할 것이다. 그녀는 비판적인 내면의 목소리를 잠재울 필요성에 관한 글들을 끊임없이 읽었고, 자신의 장점 목록도 만들었다. 하지만 자신감을 가지려면 아직 갈 길이 멀었다. 그때까지는 평가 규칙에 고분고분 따라야 한다. 어쨌든 안나는 긍정적인 시각으로 이 상황을 바라봐야 한다고 생각했다. 그녀 점수가 형편없으면 그건 해고를 의미한다. 바꾸어 말해 엄청나게 긴 장기휴가를 보낸다는 얘기였다(그녀가 늘 꿈꾸던 일이다!). 반대로 IQ 테스트에서 아주 높은 점수를 받으면, 그녀는 자신의 능력에 관해 약간은 안심할 터이고 중요한 직책도 맡게 될 것이다.

안나는 심호흡을 한 번 하고 나서 가능한 한 빨리 거기서 벗어

---

*   뉴질랜드의 심리학자 제임스 플린은 1980년대 초반 국가별 지능지수의 변동 추세를 조사하던 중, 세대가 지날수록 지능지수가 점점 더 높아지는 현상을 발견했는데, 이 현상을 '플린 효과(Flynn Effect)'라 한다.

나겠다고 다짐하고는 논리력 테스트 문제지를 펼쳤다. 기하학적인 도형들과 함께 일련의 표들이 눈앞에 정렬되었고, 마지막 칸은 비어 있었다. 안나는 제시된 도형 중 하나로 빈칸을 채워야 했다. 이번만큼은 그녀도 엄마 말에 동의했다. 이런 테스트가 승진에 필요한 능력과 무슨 상관이 있단 말인가? 그녀는 낱말의 정의에 관한 문제들, 산술 문제들, 퍼즐들, 큐브들을 배열해 특별한 도형을 만드는 문제들을 열심히 풀어나갔다. 그녀가 생각하기에 그 문제들은 전문적인 서류를 다루는 그녀 업무와는 거의 상관없는, 요컨대 시간 낭비에 불과했다. 하지만 뭐! 그녀는 시키는 대로 테스트에 응할 수밖에 없었다. 안나는 나중에 부모님에게 인사평가 테스트에 대해 꼭 말해야겠다고 다짐했다. 저번에도 안나 엄마는 근래 인사팀 사람들이 심리학 전문가를 자처하면서 IQ 테스트를 엉뚱한 용도로 이용하는 추세에 대해 목소리를 높인 적이 있었다. 엄마 말에 의하면 IQ 테스트는 원래 특수교육이 필요한 아동을 위해 사용되었다고 한다.

테스트를 마친 안나는 오직 한 가지 소망밖에 없었다. 한 시간 동안 혹독한 시련을 겪은 자신의 뇌에게 보상을 주는 것.

🔗 IQ 테스트에 관해 더 알고 싶으면, **157페이지**로 가보세요.

13

오후 3시 30분
SNS 탐방하기

긴장을 풀기 위해 숲의 산책을 즐기진 못해도, 소셜 네트워크를 가볍게 거니는 정도는 안나도 충분히 누릴 자격이 있었다. 테스트를 받느라 흘려보낸 시간 동안 그녀는 자기가 놓친 소식을 확인해야 했다. 1980년에서 2000년 사이에 태어난 청년층을 지칭하는 'Y세대'에 속하는 그녀 친구들과 마찬가지로, 안나 역시 FOMO(포모, fear of missing out), 즉 소셜 네트워크상의 정보들을 놓칠까 봐 초조해하는 불안감에 시달리고 있었다. 물론 SNS에 올라온 정보 중에 놓치면 안 될 만큼 대단한 정보는 거의 없다는 사실(시간 말고는!)을 그녀도 잘 알고 있었다. 어쨌든 통계자료만 보아도 그녀는 결코 특이 케이스가 아니었다. 전 세계적으로 매일 1조 개의 메시지가 페이스북에 게시되고, 4억 개의 메시지가 트위터에 올라오며, 12년치에 상당하는 동영상과 음악이 유튜브에서 다운로드 되는 동안, 수정된 내용 30만 개가 위키피디아 페이지에 업데이트 된다! 소셜 네트워크 서핑은 젊은이들에게 필수적인 일상 활동이 되었다.

다른 모든 이처럼, 안나도 소셜 네트워크에 접속하지 않고는 건디지 못했다. 그것이 실제 친구든 혹은 랜선 친구든 안나는 항상 그들과 연결되어 있어야 했고, 자신의 사진이나 영상을 올리는 동시에 다른 이들의 사진이나 영상을 조회하고, 다른 이들의 생활—또는 그들이 보여주고 싶은 삶—이 자기 삶과 어떻게 얼마나 비슷한지 늘 확인해야 했다. 이런 활동들에는 많은 인지 과정이 숨어 있다. 먼저 랜선 친구들의 네트워크를 머릿속에 그려봐야 한다. 팔로우된 계정의 개수를 감안하면 그건 그리 간단한 일이 아니다. 또한 여러 가지 결정을 내려야 한다. 어떤 정보에 대해 '좋아요'를 누를지 말지를 결정해야 하고, 모든 정보를 파악하기 위해 인지시스템을 부지런히 활성화해야 하는 데다, 이런저런 이미지를 클릭하기 위해 운동시스템 역시 활발하게 작동해야 한다. 하지만 무엇보다 소셜 네트워크를 항해하면 특히 뇌 보상시스템*이 활성화된다. 안나는 자기가 게시한 사진에 친구들 전원이 만장일치로 '좋아요'를 누르거나 많은 댓글이 달리면 주기적으로 자신의 뇌 보상시스템이 활성화되는 걸 경험했다.

---

* 즐거운 경험을 통해 활성화되는 회로로, 기분 좋은 느낌(쾌감)을 불러일으킨다. 중독과 동기 유발의 핵심기제다.

하지만 안나는 이 주제에 관한 최초의 실험 연구를[41] 읽지 않은 게 확실했다. 이 연구에 따르면, 소셜 네트워크 이용 횟수를 줄이면 오히려 고립감과 우울증이 감소하고 기분이 개선된다. 이 결과는 완전히 모순적이라 할 수 있다. 즉 소셜 네트워크와 랜선 친구들과의 관계에 중독될수록, 현실의 삶에서는 더 심각한 고립감과 우울감을 느끼게 된다. 덧붙여 밀레니얼 세대[**]라고도 불리는 안나 세대는 실제로도 우울증에 걸릴 위험도가 가장 높다.[42] 그런데 SNS 이용 시간을 하루에 총 30분으로 제한하거나, 페이스북, 스냅챗, 인스타그램에서 보내는 시간을 하루에 단 10분만 줄여도 기분이 개선되며, 특히 우울감을 자주 느끼는 젊은이들에게 이러한 조치는 효과가 아주 좋다. 이는 웹사이트 접속 시간을 줄이는 것이 자아존중감을 회복하는 데 도움이 되기 때문이다. 우리는 SNS를 사용할 때마다 자기만 무언가를 놓쳤거나 따돌림을 당하는 것 같은 기분을 느끼고, 포스팅한 게시글에 반응이 없을 때 무시당하는 듯한 느낌을 가지며, 거기서 오는 두려움으로 인해 지속적인 불안감을 느끼게 된다. 따라서 불안감 자체를 줄여나가는 것이 무엇보다 중요하다.

지금 이 순간, 안나의 눈앞에서 여러 사진들이 휙휙 지나갈 때

** 1980년대 초반에서 2000년 사이에 태어난 신세대를 일컫는 말. 이들은 전 세대보다 개인적이고 SNS에 익숙하며 IT에 능통하고 대학 교육을 받은 사람들이 많다.

그녀 뇌는 순서 없이 펼쳐지는 이미지 하나하나마다 관련된 추억을 기억해내고 있었다. 사진들은 뒤죽박죽 섞여 있었지만 그녀는 혼란스러운 기색이 전혀 없었다. 포르투갈에서 지내고 있는 친구 리자의 여름휴가 사진을 넘기자, 곧바로 인도에서 치러진 친구 사샤의 결혼식 사진이 화면 위에 떠올랐다. 하지만 안나 뇌는 이 모든 것을 매우 쉽게 통합해냈다. 마치 매일 훈련하여 극도로 빠른 시각적 인식능력이 발달한 것처럼. 그녀는 문득 컴퓨터 화면의 시계에 눈길을 던졌고, 자신이 참석할 콘퍼런스 시작 시간까지 15분밖에 안 남았다는 사실을 깨달았다. 그래서 그녀는 세계 방방곡곡의 친구들을 뒤로하고, 부랴부랴 자신의 프레젠테이션 자료에 첨부할 내용을 작성하기 시작했다.

🔗 소셜 네트워크가 우리의 정신적 삶에 미치는 영향에 대해 이해하고 싶으면 160페이지로 가보세요.

14

오후 4시
내 말이 그 말이야!

안나는 컴퓨터를 대기 모드로 바꾸면서 상당한 안도감을 느꼈다. 이제 컴퓨터 앞에서 벗어나 뼈와 살이 있는 살아있는 사람의 강연을 들으러 갈 시간이었다. 그녀의 직장 동료 대부분이 그렇듯이, 그녀 역시 하루에 여섯 시간 이상을 컴퓨터 화면 앞에서 보낼 때가 많았다. 그래서 그녀는 작은 직사각형 화면에 시선을 고정하고 있을 때면 이따금 더 이상 견디지 못할 듯한 기분을 느꼈다. 그녀는 넓은 공간을 꿈꾸었고, 산과 하늘이 멀리 보이고 텅 빈 시야가 광활하게 펼쳐진 전망을 동경했다.

그녀의 갈망은 시각을 연구하는 학자들, 특히 오스트레일리아 국립대학 연구자들의 갈망과 같았다. 그들은 근시가 전염병처럼 확산하는 현상을 계속 경고하고 규탄했다. 그들에 의하면, 근시의 원인은 하루 대부분을 여러 종류의 화면 앞에서 보내는 데 있다.

컴퓨터나 휴대폰 화면같이 아주 작은 화면에 시선을 고정한 나머지, 우리 눈은 먼 곳을 바라보는 능력을 잃어가고 있다. 방 안에 틀어박힌 채 바깥 공기나 햇빛에 노출되지 않으면 눈에 해로운 영향을 미치고, 결국 우리는 주변의 넓은 공간에 주의를 기울이는 습관도 잃게 된다.

강연장을 향해 최대한 빠른 걸음으로 걸어가면서, 안나는 늦게 도착하면 맨 뒤쪽 자리만 남아 있을지도 모른다고 생각했다. 하지만 그녀가 깨닫지 못한 사실이 있었다. 맨 뒷자리에 앉으면 적어도 한 시간 동안 멀리 있는 강연자를 바라보면서 일종의 시력 훈련을 할 수 있다. 그건 오히려 횡재나 다름없다!

컴퓨터와 프로젝트 빔을 연결하는 몇몇 기술적인 문제들을 해결한 후, 강연자가 말을 시작했다. 그가 첫 몇 마디를 꺼내는 순간 안나는 자기가 이 강연에 매료당할 거라는 느낌을 받았다. 마치 그녀 뇌는 강연자가 말하는 내용을 그대로 쫙쫙 빨아들이는 듯했다. 강연 내용은 이러했다. 신경과학계의 유사 연구자들이 (기업의 활동 분야에 상관없이) 기업에 인공지능을 도입해야 하며, 인공지능이 고객의 인지 과정에 직접적인 영향을 끼치면서 수익을 증대시키고, 직원들의 업무 성과를 극대화한다고 주장한다. 그리고 그들은 그 모든 것이 사주(社主)들을 아주 행복하게 한다고 장담하면서 기업계로 야금야금 침투하고 있는데 그것이 바로 문제라는 것이다.

최근 성황을 거두고 있는 '신경과학과 기업'이라는 접근법은 위의 설명에서 보듯 꽤나 매혹적인 구석이 있었다. 이 주제에 대해 안나는 엄마와 여러 차례 대화를 나눈 바 있었고, 그래서인지 안나는 강연자의 강의를 말 그대로 빨아들이고 있었다. 강연자가 무슨 말을 꺼내든지 그 말을 자기가 끝맺을 수 있을 것 같았다! 그녀는 지금 자기가 귀 기울여 듣는 사람과 완전히 혼연일체가 되는 느낌을 받았다. 그의 논리, 말하는 속도, 목소리의 높낮이, 선택된 어휘가 의도적으로 그녀를 위해 맞춘 것 같았다.[43]

안나의 뇌는 방금 강연자의 뇌와 싱크로가 맞아떨어진 게 분명했다. 우리가 대화하는 상대와 완전한 조화를 이룰 때 이런 일이 종종 일어난다. 상호작용 하는 두 사람의 뇌 활동을 동시에 영상으로 촬영한 최근 연구에서 '서로 마음이 통하는' 것 같은 느낌의 원인이 과학적으로 증명되었다. 두 사람이 대화를 나누는 동안, 때때로 그들의 뇌 활동에서 동시성이 나타나며, 화자의 뇌 활동보다 청자의 뇌 활동이 약간 앞서가는 현상도 보인다. 마치 화자가 앞으로 말할 내용을 청자가 무의식적으로 예상한 듯이. 지금 안나 뇌에서 일어나는 현상이 바로 그런 것이었다. 그리고 나중에 그녀가 엄마에게 이 강연에 관해 얘기할 때도 똑같은 일이 일어날 가능성이 크다. 이렇듯 두 사람의 뇌 활동이 동시적으로 똑같이 일어나는 현상은 주로 아주 가까운 관계에서 일어난다. 특히 아이와 일차양육자인 어머니 사이에서 이런 현상이 관찰된다(모녀 사이인 안나와 엄마는 무엇보다 이 부분이 마음에 들었다).

강연자가 지적하는 핵심 문제는 고객들이 알아차리지 못하는 사이에 대기업들이 고객에게 은근슬쩍 영향을 미치려 하는 방식이었다. 요즘에는 이런 신경과학 연구 결과를 이용해 소비자의 취향을 알아내고 소비자의 뇌에 침투하여 영향을 미치려고 하는 뉴로마케팅(neuromarketing)* 분야가 존재한다. 강연자와 마찬가지로 안나 역시 뉴로마케팅 연구자들에게 윤리의식이 거의 없거나, 이런 유형의 연구를 해나가기 위해 그만큼 자금 조달이 필요하리라 생각했다. 어쨌든 안나는 어마어마한 거액에 팔린 그 연구들이 실제로는 과학적 가치가 전혀 없다는 사실에 충격을 받았다. 안나가 엄마에게 이 얘기를 해주면 엄마는 화가 나서 펄쩍 뛰리라! 정말이지, 요즘 같은 시대에 신경심리학자로 살아가는 일이란 온갖 종류의 바람직하지 못한 행태들, 특히 비윤리적인 행태들과의 전쟁이나 다름없었다.

강연은 끝나가고 있었다. 하지만 안나는 멋진 강연자의 말에 몇 시간이고 계속 집중할 수 있을 것만 같았다. 그녀는 점점 자기가 그의 강연뿐만 아니라 그의 인간성에도 빠져들고 있다는 걸 깨달았다. 강연장은 조금씩 비어가고 있었다. 안나 역시 강연장에서 나와 자기 부서로 돌아가기 위해 느릿느릿 발걸음을 옮겼다. '새로 진

---

* 뇌 속에서 정보를 전달하는 신경세포인 뉴런(neuron)과 마케팅(marketing)을 결합한 용어로, 신경과학기술을 이용해 소비자의 신체와 뇌 반응으로부터 얻어낸 정보를 기업 마케팅에 활용하는 일련의 전략.

행할 프로젝트에 대한 부서 회의가 5시에 있는데 그때까지 준비를 무사히 마칠 수 있을까 모르겠네.'라고 그녀는 생각했다.

🔗 뉴로마케팅에 관해 더 알고 싶으면, 163페이지로 가보세요.

15

오후 5시
이렇게 편견에
사로잡혀 있다니

안나는 회의실에 자리를 잡고 앉았다. 그 회의실은 브레인스토밍 회의, 비공식적인 모임 그리고 직원들이 요청한 다양한 자기 계발 프로그램을 위한 장소로 사용하기 위해 얼마 전에 리모델링을 마쳤다. 회의실은 신경과학 서적을 많이 읽은 건축가들에 의해 뇌 형태로 만들어졌다. 우뇌에 해당하는 공간에는 영상과 음악이 방영되는 대형 스크린과 푹신한 긴 소파가 있어 직원들은 소파에 파묻혀 꿈나라로 갈 수 있었다. 좌뇌에 해당하는 공간에는 테이블이 놓여 있어 직원들이 동료들과 두서없는 한담을 나누었다. 우뇌 공간과 좌뇌 공간을 연결하는 곳에는 해먹이 있었고, 직원들은 해먹에 누워 얘기를 나누거나 토론하면서 굳어진 몸과 두 반구 사이의 접합 부위를 자극할 수도 있었다. 그런 시설들이 사고력과 창의성에 어떤 영향력을 미치는지는 아무도 몰랐다. 하지만 그 시설들 덕분에 안나와 동료들은 아주 색다른 공간을 경험할 수 있었고, 그것만 으로도 그들 사이에 오가는 대화와 태도가 상당히 달라졌다.

오늘 회의에서는 사회적 능력을 향상하고 특히 인지 편향*을 감소시키기 위해 가상 워크숍을 해야 할지에 대한 토의가 벌어졌다. 안건을 지지하는 사람들과 반대하는 사람들 사이의 격렬한 토론이 예상되었다. 가상 워크숍의 목적은 회사 내의 관계를 개선하고, 고객 및 경쟁 회사와의 관계에서도 더 개방적인 태도를 지니는 데에 있었다. 일부 사람들은 가상 인물들과 상호작용 훈련을 해봤자 현실에서 사람들과의 사회적 교류를 개선하는 데에는 전혀 도움이 안 된다고 생각하는 반면, 다른 일부는 가상 훈련이 사회관계를 불편하게 하는 선입견이나 편견에서 벗어나도록 태도를 변화시킬 재미있는 방법이라고 평가했다. 우선, 회의에 참석한 동료들과 함께 안나는 자신의 반응이 얼마나 편향적인지 알아보기 위한 '내재적 연관 검사'**를 치렀다.

이는 매우 간단한 테스트로, 각 개인이 과학 분야를 얼마나 남성적인 학문이라고 생각하는지와 문학 분야를 얼마나 여성적인 학문이라고 생각하는지를 평가한다. 각 테스트에서 응시자는 한 열

---

* 편견에서 비롯되는 무의식적인 생각으로, 때때로 우리가 모르는 사이에 우리의 견해, 반응, 관계에 영향을 미친다.
** 1998년에 사회심리학자 그린왈드(Greenwald), 맥기(McGhee), 슈바르츠(Schwarz)가 밖으로 드러나지 않는 속마음이나 가치관 등 내재적 속성을 간접적으로 측정하기 위해 고안한 테스트.

에서는 과학 분야와 연관된 단어를, 또 다른 열에서는 문학 분야와 관련된 단어를 최대한 빠르게 가려낸다. 그런 다음 한 열에서는 여성과 관련이 있는 단어를, 다른 열에서는 남성과 관계되는 단어를 골라낸다. 마지막으로 (여기서부터 좀 더 까다로워지는데) 한 열에 여성 또는 과학과 관계된 단어들을 놓고, 다른 열에는 남성 또는 문학과 관계된 단어들을 놓는다(또는 반대로 여성 또는 문학과 관련된 단어들과 남성 또는 과학과 관련된 단어들을 분류한다). 마지막 조건이 매우 중요한데, 여성과 문학을 쉽게 연결 짓는 사람은 여성과 과학을 연결 짓는 데 훨씬 더 어려움을 느낀다. 안나는 자기가 맹목적인 성차별주의자가 아니라고 믿고 있었지만, 자신 또한 다른 사람들 못지않게 편견을 가지고 있었다. 그래서 예를 들면 여성과 시보다는 여성과 생물학을 연관 짓는 것이 훨씬 더 힘들다는 끔찍한 사실을 알게 되었다.

연구자들이 이미 증명한 대로, 방금 안나가 확인한 충격적인 결과는 성별뿐 아니라 피부색, 종교, 민족 심지어는 체중에 따른 편견에도 마찬가지로 적용될 수 있다. 여기까지 생각하자 안나는 소름이 끼쳤다.[44] 자기는 진정한 평등주의자라고 굳게 믿었는데 실제로는 성별에 관한 편견에 사로잡혀 있었다니 정말 실망스러운 일이었다. 그녀는 이런 유의 매우 심한 편견들을 어느 정도로 드러내야 진짜 최악의 성차별주의자라 할 수 있을지 생각해봤다. 안나 엄마는 과학자들이 이러한 무의식적인 현상을 연구한 이후 인지과학 분야가 혁신적으로 발전했다고 늘 말했다. 안나는 엄마 말을 귀가 따갑게 들었지만, 그래도 그러한 현상이 인지나 기억력에만[45] 관련된다고 생각했다. 하지만 바로 오늘, 그녀는 씁쓸한 경험을 통해 다양한 사회집단에 대한 통념 역시 무의식과 관계된다는 사실을 알게 되었다. 아바타들과의 가상 상호작용 훈련의 이점에 관한 토론이 한창 무르익는 동안, 안나는 이러한 테스트를 만든 사람들이 인지 편향을 감소시키기 위한 해결책 또한 제시하는지 확인해보기로 했다.

🔗 인지 편향이 어떻게 구축되는지 이해하고 싶으면, 166페이지로 가보세요.

16 오후 6시
해질녘엔 일하기 싫어

안나는 자리에 앉아 도심 하늘에서 서서히 저물어가는 해를 바라보고 있었다. 빌딩 최상층에 있는 사무실은 탁 트인 전망을 자랑했지만, 안타깝게도 그녀 자리에서 하늘과 햇빛을 보려면 고개를 돌려야만 했다. 그래도 그녀는 이 도시와 교감한다고 느꼈다. 그녀는 자신에게 최고위직을 준다 해도, 지면과 거리의 사람들로부터 까마득히 멀리 떨어진 높은 빌딩 꼭대기의 유리 상자 안에 평생토록 갇혀 지내야 한다면 견디지 못하리라 생각했다. 거리의 사람들은 요 몇 년 동안 그들 주위에 우뚝우뚝 솟아오른 현대식 건물들 안에서 무슨 일이 벌어지는지 전혀 모를 것이다. 그녀는 낮의 길이가 길어지기 시작함을 느꼈다. 우중충한 파리의 겨울을 지내고 난 그녀는 하루가 끝날 무렵인 지금 아직도 부드럽게 비치는 햇빛과 수줍은 태양에 많은 도움을 받았다. 그녀는 여름이 오기를 초조하게 기다리고 있었다. 여름에는 낮이 더 길어지니까 새벽에 일어나서 해가 질 때까지 하루를 더 길게 누린다.

얼마 전에 안나는 서머타임이 이득인지 아닌지에 대한 열띤 토론을 지켜보았다. 그녀는 1차 석유 파동 직후인 1976년에 프랑스에서 에너지를 절약할 목적으로 서머타임*이 공식적으로 도입되었다는 사실을 그때 알게 되었다. 서머타임을 실시한 이후로, 우리는 매해 여름마다 시간을 약간 앞당기는 이 관습이 인간의 신체 기관에 명백한 영향을 미친다는 사실을 발견했다. 또한 우리의 정신 상태와 신체 상태가 주위의 광도에 크게 영향을 받는다는 사실도 입증했다.[46]

그 토론에서 안나는 주위의 빛이 우리 판단에 실제로 영향을 미친다고 들었다. 그래서 오늘 점심시간에 친구 마르고에게 햇볕을 쬐러 여행 가자고 제안했을 때도 바로 이 점을 무척 강조했다! 두 사람은 광도가 높을수록 대상을 더 긍정적으로 판단한다는 가설이 진짜인지 함께 확인해볼 수 있을 것이다.[47] 광시각 마케팅 전문가들은 우리가 모르는 사이에 우리를 조종하기 위해 우리 인식에 직접 영향을 주는 행위가 얼마나 중요한지 아주 잘 알고 있다. 그

---

* 일명 일광 절약 시간제. 여름에는 해가 길기 때문에 겨울보다 1시간 일찍 당겨서 생활하면 해가 떠 있는 동안 더 많은 일을 할 수 있다는 벤저민 프랭클린의 아이디어에서 시작한 제도. 예를 들어 8시를 9시로 바꾸면, 평소대로 8시에 출근하더라도 7시에 출근한 것이므로, 1시간 더 일찍 하루를 시작한 셈이 된다.

러나 관련 서적을 읽으면서 안나는 거듭 놀랐다. 몇몇 네덜란드 연구자들은 실험 참가자들에게 하루 중 다양한 순간에 자신이 경험하는 것에 얼마나 만족하는지 그리고 매 순간 그들의 욕구가 어떠한지 표시해 달라고 했다.[48] 실험 결과를 통해 우리의 만족도는 광도가 높을수록 덩달아 높아진다는 사실이 명백하게 증명되었다. 그러나 놀랍게도 실험 참가자들이 가장 만족스러운 태도와 강렬한 욕망을 보이는 때는 오후 6시에서 7시 사이로 밝혀졌다. 그러니까 우리가 '세 시부터 다섯 시'가 아니라 '다섯 시부터 일곱 시'라는 표현을 쓰는 데는 타당한 과학적 증거가 있는 셈이다!*

여기까지 생각하자 안나는 꽤 안심이 되었다. 그녀는 오후 6시 무렵만 되면 늘 한 잔 기울이고 싶어졌고, 가볍게 군것질을 하거나 친구들과 잠시 시간을 보내고 싶은 욕구도 느끼기 시작했다. 게다가 그날 있었던 일을 이야기하거나, 4층에서 근무하는 신입사원이 5층에서 근무하는 인턴과 썸을 타는 중이라는 이야기를 들려주려고 그녀 책상에 고개를 들이미는 동료들이 나타나는 때도 바로 그 시각이었다. 이전 인턴과 새로운 인턴의 자질을 비교하는 열띤 토론이 그 뒤를 따르고, 최근에 입사한 신입사원들을 어떻게 생각하

---

* '다섯 시부터 일곱 시(cinq à sept)'란 정시 퇴근이 일반적인 프랑스에서, 퇴근 시간인 다섯 시와 가족 저녁식사가 시작하는 일곱 시 사이의 여유 시간을 지칭하는 말이다. 이 시간은 직업적 의무와 가족적 의무에서 벗어나, 개인이 자신의 여가를 즐기고 친구들을 만날 수 있는 시간이다. 이 같은 본래 뜻에서 파생되어 내연관계인 연인과의 밀회를 가리키는 은어로도 쓰인다.

는지 이러쿵저러쿵 이야기가 오갔다. 오후 6시 무렵이면 처리해야 할 서류들을 내팽개치고, 남자들은 남자들대로 여자들은 여자들 대로 끼리끼리 모여 더없이 '지성적이고 생산성 있는' 대화를 나누곤 했다. 물론 안나 역시 그중 하나였다!

안나는 하루 중 이 순간이 가장 좋았다. 이 시간에는 하루 업무를 무사히 끝낸 걸 자축하는 한편, 미처 끝내지 못한 업무에 대해서는 스스로를 용서하고, 무엇보다 저녁 시간을 어떻게 보낼지 계획을 세웠다. 오늘 저녁 그녀는 한 번도 가본 적이 없는 파리 외곽의 작은 미술관에서 열리는 자선 파티에 참석하므로, 퇴근 후에도 한숨 돌릴 틈조차 없을 터였다. 그나저나 그 행사에 뭘 입고 가야 할까? 퇴근길에 잠시 짬을 내어 쇼핑하려면 그리고 오늘의 할 일 목록을 모두 해내려면 신입들의 장단점에 관한 (열띤!) 토론을 서둘러 마무리 지어야 했다. 서로에 관한 비밀을 공유하는 행위는 험담을 함께 나누는 사람들 사이의 우정을 돈독하게 하고, 애착 호르몬인 옥시토신을 증가시키는 등의 긍정적인 효과가 가득하긴 하지만![49] 이러한 과학적 사실은 온갖 유형의 수다스러운 여자들, 아니 성별 불문의 모든 수다쟁이들을(진실이 어느 정도 섞인 이러한 정보 유포 기술이 여자에게만 국한된 건 아니니까!) 매료시킬 게 틀림없다.

자연광이 우리의 욕망에 미치는 영향에 관해 좀 더 알아보려면 169페이지로 가보세요.

17

오후 6시 45분
막간을 이용한 쇼핑 시간

휴, 드디어 안나는 회사 건물 밖으로 탈출했다! 오늘 안나의 하루는 영원히 끝나지 않을 것 같았다. 지금 안나가 바라는 건 단 하나였다. 집으로 빨리 돌아가 뜨거운 욕조물에 몸을 담그기. 아니면 소파로 달려가 길게 뻗어버려도 좋겠어! 아니, 아니야. 먼저 따뜻한 물로 목욕부터 하고 나서 소파에 드러눕는 게 더 좋아. 안 그러면 그대로 소파 위에서 잠들어버릴 거야.

하지만 더 급한 일은 자선 파티에 입고 갈 의상을 고르는 것이었다. 청소년 문화센터를 재정적으로 지원하기 위한 기금 모금 자선 행사였다. 훌륭한 취지에 감동해 행사에 참석하기로 했지만, 그녀는 제대로 차려입어야 한다는 생각에 벌써 피곤해졌다. 석 달 전에도 그녀는 이런 행사에 참석하면 매우 기쁘리라 확신하며 초대에 기꺼이 응했다. 하지만 행사 날짜가 점점 다가오고 마침내 그날이 되자, 그녀는 툴툴대며 후회하고 있는 힘을 다 짜내어 그럴듯한 핑계를 찾으려 했다. 하지만 결국 달아날 수 없다는 걸 자인한 뒤 그녀는 기진맥진한 몸을 이끌고 마지못해 행사 장소로 갔다. 매번 똑같은 일이 되풀이되었다.

안나는 발을 질질 끌면서 느릿느릿 걸었다. 오늘 저녁에는 공원을 통해 집으로 돌아갈 수 없었다. 그 길로 가면 하루의 피로가 상당히 풀릴 걸 잘 알고 있지만,[50] 그녀는 상점들이 늘어서고, 사람들이 북적대는 대로로 과감히 들어섰다. 오늘 저녁 의상 문제를 해결하기 위해서는 그 방법밖에 없었다.

옷장 안을 보면 적당한 파티 의상이 있으리란 사실을 안나는 물론 알고 있었다. 하지만 그녀 친구 대부분처럼 그녀 역시 브랜드 의류샵에서 새로운 의상을 고르는 게 더 손쉽고, 마음을 더 설레게 한다고 생각했다. 그녀는 지금 구입할 의상이 자기가 오늘 저녁 파티에 참석하기 위해 들인 노력에 대한 보상이라고 생각했다. 안나는 지금까지 그런 식으로 물건들을 사 모았다. 그리고 매번 얼마 못 가 후회했다. 아마도 그녀는 물건을 덜 소유할수록 더 행복하게 살아간다는 사실을 마음 깊은 곳에서 알고 있을 것이다.

콜로라도대학의 연구자들이 최근에 증명한 바로는, 미국인들은 한 가구당 평균 30만 개의 물건들을 소유하고 있다! 그런데 물건의 축적은 행복감과 반비례한다는 사실[51] 또한 우리는 알고 있다. 바캉스나 외식에 돈을 쓰는 편이 검정 드레스를 사서 한두 번 입고

처박아두는 것보다 훨씬 더 큰 행복감을 불러일으킨다. 그러니까 경험에 돈을 쓰는 행동이 소유물에 돈을 쓰는 행동보다 훨씬 더 큰 충족감을 안겨준다는 얘기다. 그리고 다른 사람들을 위해 돈을 쓰는 행동이 자기 자신에게 선물하는 행동보다 더 큰 만족감을 준다는 사실 역시 자명하다.[52]

하지만 안나는 오늘 하루 자신이 무능했다는 생각에 무척 스트레스를 받았다. 그래서 이 스트레스를 해결하기 위해서라면, 모든 과학적인 연구 결과를 무시하고 자신의 옷장 안에 잠자는 드레스들과 거의 똑같은 새 드레스가 그녀에게 꼭 필요하다는 매장 직원의 감언이설에 넘어갈 만반의 준비가 되어 있었다. 사실 그녀는 지금 자신의 전두엽 신경세포들이 아무것도 결정하지 못한다는 걸 느꼈다. 스트레스나 피로 또는 우울을 느끼는 상태에서는 어떤 결정도 내릴 수 없다던[53] 얘기가 떠올랐다. 그녀는 자신이 능력 부족이라는 생각 때문에 스트레스를 받는 동시에 의기소침한 기분에 젖어 있었다. 그러니까 그녀가 새로운 실크드레스를 사면 행복해질지 아닐지조차 판단하지 못하더라도, 안나에게는 충분한 변명의 여지가 있었다.

그녀는 자기 모습을 찍어서 친구 한 무리와 엄마에게 전송한 뒤, 반응을 기다렸다. 정말 다행스럽게도 불과 몇 초 만에 첫 번째 신호음이 울렸다. 늘 그렇듯이 항상 객관적인 판단을 내린다고 주장하는 그녀 엄마는 그 드레스가 그녀에게 엄청나게 잘 어울린다고 말했다. 물론 항상 의심으로 가득 찬 안나는 그 말을 반만 신뢰했지만, 결국 그 드레스를 사기로 결정했다. 그건 단지 자기 머릿속 깊은 곳에서 벌어지는 드레스 구매에 대한 피곤한 찬반 논쟁을 멈추고 싶어서였다. 어쨌든 결정은 끝났다. 오늘 저녁 자신의 겉모습으로 단 일 분도 더 고민할 필요가 없었다. 너무 화려하지도 너무 캐주얼하지도 않은 이 드레스는 자선 행사에 완벽하게 어울리리라.

드레스를 손에 들고 계산하려는 순간, 마지막 의심이 안나를 엄습했다. 그녀 엄마가 그녀에게 거짓말을 했다면? 안나는 머릿속에 스멀스멀 올라오려는 소모적인 우려를 과감하게 떨쳐버리고는 신용카드를 꺼냈다. 물론 엄마가 자기를 속인 건 아닌지 확인하기 위해 엄마에게 기능적 자기공명영상(fMRI)* 검사를 받게 할 생각은 없었다![54] 안나는 엄마 말을 믿기로 했다. 아주 예쁘게 빠진 그 미니 드레스를 어느 샵에서 파는지 알고 싶어 하는 친구들의 문자가 연이어 날아들었기 때문이다. 좋은 징조였다. 그녀는 부러움을 사고 있었다! 안나는 쇼핑백을 가슴에 안고 서둘러 집으로 돌아왔다. 파티에 가기 전에 잠시나마 느긋한 휴식을 맛보기 위해.

돈이 정말로 우리를 행복하게 만드는지 알고 싶으면, **172페이지**로 가보세요.

---

* functional Magnetic Resonance Imaging의 약자. 혈류와 관련된 변화를 감지하여 뇌 활동을 측정하는 기술.

18

오후 7시 30분
꼼짝달싹도 못 하겠어

안나는 시간관념을 잃어버렸다. 그녀는 쇼파에 몸을 길게 뻗고 누워서 TV 화면에 펼쳐지는 이미지들을 멍하니 바라보았다. 그녀는 텔레비전 방송의 내용을 가까스로 쫓아가면서 SNS에 올라온 친구들의 새로운 게시물을 살펴보았다. 거기다 짭짤하고 기름기 많은 감자칩을 한 봉 뜯었다면 더없이 완벽할 터였다. 그녀는 하루가 끝난 저녁에 느끼는 욕망, 바람, 행동 그리고 게으름이 24시간 활동일 주기와 직접적으로 연관되어 있다는 걸 몸소 체험하고 있었다.[55] 안나는 푹신한 쇼파에서 빠져나오려고 안간힘을 썼지만, 몸의 근육들은 더 이상 뇌의 명령을 따르지 않는 듯했다. 그런 내용을 어디선가 읽었는지 아니면 그냥 자기 자신의 행동을 관찰한 결과 스스로 얻은 결론인지는 모르겠지만, 이런 무기력한 상태에 맞서 싸우려면 정말이지 초인적인 노력이 필요했다.[56] 마치 우리가 더 이상 움직이지 않도록 프로그래밍된 것처럼. 이러한 게으른 상태에서 벗어나려면 새로운 에너지가 필요했다.

어쩌면 그녀는 이런 사태의 책임을 부모님에게서 찾을 수 있을지도 모른다. 왜냐하면 집에 돌아오기만 하면 축 늘어져 꼼짝달싹하기 싫어하는 그녀 행동은 어느 정도 그녀의 유전자 탓이기 때문이다.[57] 엄마의 전설적이고 왕성한 활동량을 생각하면, 그녀에게 영향을 준 쪽은 아마도 아버지 같았다. 계절이 계절이니만큼 벌써 날은 어두워졌다. 안나는 어둠 때문에 자기가 더 게을러졌다고 생각했다.

사실 안나는 다른 사람과 마찬가지로, 자기 몸의 모든 기관 내에 있는 생체시계의 어마어마한 힘을 느끼고 있었다. 얼마 전 그녀는 몸의 모든 세포에 그들의 활동을 총괄하는 시계 같은 것이 존재한다는 사실을 들은 적이 있었다. 이 다양한 생체시계들이 완벽하게 일치할 때 우리는 제때 먹고, 소화하고, 이상적인 수면 시간만큼 잠을 잘 수 있다. 하지만 지금은 그녀 세포에 있는 모든 시계가 멈춘 느낌이었다. 어쩌면 게으름의 신경세포들이 그녀 뇌 속에서 영향력을 행사하는 중인지도 몰랐다. 안나가 엄마에게 지금 상황에 대해 설명하면 엄마는 틀림없이 미소를 지으며 이렇게 말하리라. 아무튼 우리 딸은 자기만 겪는 신종 증상과 신종 질병을 찾아내는 데 도사라니까! 네 할머니가 살아계셨더라면 분명 지금 네 상태를 '급성 게으름병'이라고 명명하셨을 거야.

안나는 이대로 깊은 잠에 빠져들지 않으려면 억지로라도 움직여야 한다고 의식했다. 그리고 아주 기진맥진했을 때는 오히려 약간의 운동이 힘을 되살리는 데 도움이 된다는 걸 기억해냈다.

안나는 따라할 만한 인터넷 영상을 찾기 시작했다. 화면에서 움직이는 사람들을 보자, 그녀의 전운동영역이 스스로 활발하게 움직이기 시작했다. 그건 그녀에게 해가 될 리 없었다! 게다가 그녀는 걸음을 걷는 모습을 생각하거나 머릿속으로 스포츠 동작을 시각화하기만 해도 실제로 걷거나 그 동작을 할 때와 동일한 뇌 영역들이 활성화된다는[58] 사실을 알고 놀란 적이 있었다. 골프 선수나 스키 선수가 항상 실전에 나서기 전에 미리 스윙이나 활강 동작을 이미지 트레이닝 하는 이유도 바로 그 때문이다. 활강하는 스키 선수의 경우, 눈앞에 펼쳐진 코스를 직접 보는 것보다 하강하고 다양하게 턴하는 모습을 머릿속으로 그려보는 편이 훨씬 효과적이다.[59] 그렇다면 왜 굳이 운동을 하면서 몸을 피곤하게 만들까? 그저 드러누워 눈을 감고 지금 조깅 중이라고 상상하기만 하면 될 텐데. 하지만 지금 상태로 보아 그녀는 십중팔구 5분 내로 잠이 들어 꿈속에서 조깅을 할 가능성이 높았다! 불행히도 안나는 꿈속에서 하는 신체 활동이 실제로 하는 활동과 똑같은 효과를 내는지에 대해서는 확실히 알지 못했다.

안나는 가까스로 소파에서 벗어나 옷을 갈아입고 타이머를 30분으로 맞춘 다음, 줌바댄스 영상을 따라 몸을 움직이기 시작했다.

최대한 리듬을 타면서 즐겁게! 그렇게 하면서도 안나는 자기가 지금 온몸에 유익한 행동을 한다는 걸 몰랐다. 운동이 그녀의 심장, 뇌, 인지기능, 심지어 기분 전환에도 도움이 된다는 사실을! 근래 들어 운동이 신체, 정신, 심리 (거의 모든 영역의!) 건강에 이로운 영향을 미친다는 사실이 밝혀졌다.[60) 규칙적인 활동은 부정적인 감정에 대한 취약성을 감소시키고 유방암이나 알츠하이머형 치매 같은 다양한 기질성 질환의 발병률도 낮춰준다. 어쩌면 안나는 방금 자신의 수명을 몇 분 또는 몇 시간 더 연장했을지 모른다. 규칙적인 신체 활동이 수명을 연장한다는 사실은 더 이상 의심의 여지가 없으니까. 안나는 이러한 연구에 대해 전혀 몰랐다. 다만 지금 이 순간 그녀는 가까스로 힘을 내서 몸을 움직인 자신을 칭찬하는 중이었다. 조금 전보다 컨디션이 훨씬 더 좋아진 느낌이었다. 그녀는 자신의 노력에 보상을 주고, 우울감과 무기력을 조금 더 떨쳐내기 위해 식탁에서 다크초콜릿 한 조각을 슬쩍 집어 들었다. 그게 우울한 기분을 달래준다고 입증된 것 같았으니까.[61)

🔗 운동이 우리 건강에 미치는 이점에 대해 알고 싶으면, 175페이지로 가보세요.

19

오후 8시 30분
몸 안의 GPS를 테스트하다

안나는 부글부글 끓고 있었다. 십여 분 전부터 그녀는 자신의 자동차 내비게이션에 파티 장소의 주소를 입력하려 했지만, 내비게이션이 주소를 인식하지 못하고 계속 오류를 일으켰다. 안나는 자선파티가 열리는 장소를 대략 알고 있었다. 하지만 길을 아는 동행도, 과학기술의 도움도 없이 가야 한다는 생각이 들자, 바짝 긴장되었다. 평소에도 무의식중에 최악의 상황을 쉬이 상상하는 안나는 인적 없는 도로에서 그것도 한밤중에 길을 잃은 자신의 모습이 벌써 눈에 보이는 듯했다.

그녀는 엄마에게 전화를 걸어 도움을 요청하면서 자신의 '외장 GPS'가 되어 달라고 할 생각도 해봤다. 하지만 엄마 대답은 뻔할 것이다. 엄마는 안나에게 한시바삐 불안감에서 벗어나라고 하면서 불안해서 더 당황하는 거라는 말부터 꺼낼 것이다. 이론적으로 생각해보면 넌 길을 잃을지도 몰라. 하지만 아주 냉정하게 생각해봐. 넌 파티가 열리는 장소와 멀지 않은 시내에 있어. 그러니 그곳까지 가는 동안 길을 잃을 이유는 하나도 없어! 그런 다음 엄마는 자신이 안나를 위해 원격으로 길을 안내할 수도 있지만, 그녀 '몸 안의 GPS'를 믿는 편이 훨씬 낫다고 말하리라.

우리 모두의 뇌 속에는 일종의 내비게이션이 있고, 그 시스템이 우리에게 장소를 이동하게 해주고 거리를 표시해줄 뿐만 아니라, 우리가 가는 다양한 장소를 기억하게 해준다는 엄마 설명이 떠올랐다. 머릿속 내비게이션 시스템은 우리가 길을 잃지 않도록 해주며, 사건이 일어난 장소들을 기억에 결부시킬 때도 반드시 필요하다. 이는 신경세포들이 해마(hippocamplus)* 내에 존재하기 때문에 가능한데, 해마(체)는 기억화 과정을 담당하고 저장된 기억을 보관하는 역할을 한다. 마침내 안나는 (자신의 해마 덕분에) 머릿속 내비게이션의 존재를 증명한 연구자들이 최근에 노벨상을 받았다는 소식을 들은 것까지 기억해냈다. 이를 연구한 노르웨이 연구팀은 해마의 신경세포들이 경도와 위도를 나타내면서 우리가 방향을 결정하고 현재 위치를 알도록 해주며, 마치 내비게이션 지도처럼 진정한 '공간 지도들'을 만든다는[62] 사실을 증명했다.

---

* 대뇌변연계 양쪽 측두엽에 2개가 존재하며 학습, 기억 그리고 새로운 것을 인식하는 장기기억에 중요한 역할을 한다.

짜증이 가득 찬 와중에도 안나는 엄마가 이렇게 말하는 모습이 눈에 선했다. 뇌 속의 GPS를 발견한 연구자들은 그렇게 권위 있는 상을 받았어. 네가 네 몸의 GPS를 믿지 못해서 오늘 저녁 파티를 포기한다면 그건 바보 같은 짓이야! 엄마는 네가 해마를 사용하지 않아서 네 해마가 점점 퇴화할까 봐 걱정이다.

안나가 이해한 바에 따르면, 현대인들이 과학기술에 기반한 도구들을 지나치게 이용하면서 손글씨가 사라질 위험에 처한 것처럼, 휴대폰의 외적 내비게이션을 이용하느라 내적 GPS를 등한시하면 내적 GPS 역시 더는 기능하지 않을 위험이 있다. 인지능력 면에서 그건 웃어넘길 일이 아니다. 여러 인지능력이 매우 유능하게 자동으로 잘 돌아가려면 되도록 인지능력을 자주 사용해야 한다. 일종의 선순환과 같은 셈이다. 안나는 자기가 인지능력을 어떤 식으로 이용하건, 외적 도움을 얼마나 많이 구하건, 유능한 뇌를 간절히 원했다. 그러니 이러한 정보는 안나에게 너무도 중대했다.

지금 문제는 그게 아니었다. 늦지 않게 행사 장소에 도착하려면 안나는 지금 당장 출발해야 했다. 자기가 도중에 길을 잃고 다시 길을 찾는 데 걸리는 시간까지 계산에 넣어야 하니까. 안나는 감정을 자제하면서 자기는 방향감각이 없어서 곧 길을 잃을 테고 그러면 끔찍한 일이 벌어질 거라는 말을 되풀이하는 내면의 목소리를 잠재웠다. 그리고 이번만큼은 자신의 직관을 믿자고 중얼거리며 액셀을 밟았다. 어쨌든 그녀는 자책과 비하를 끝없이 일삼고, 조금이라도 실수할까 봐 노심초사하고, 자기가 저지른 실수들에 집착하는 일련의 행동을 더 이상 하지 않겠다고 마음먹지 않았던가. 그녀는 TV에서 정신과 전문의들이 이런 문제들에 대해 강연할 때마다 그들의 말 한마디 한마디를 새겨들으면서 날마다 자신에게 조금 더 관대해지고 자기를 연민하자며 스스로를 격려했다.[63] 길을 찾는 자신의 능력을 믿어보려고 애쓰는 태도 역시 자신감을 높이는 방법 중 하나였다. 그래서 안나는 정신적으로 자신을 괴롭히는 행동을 멈추고, 그런 결정을 내린 자신을 자랑스러워하면서 앞으로 나아갈 여정을 머릿속으로 그려보았다. 그러고는 눈앞에 펼쳐진 도로에 정신을 집중했다.

　30분 뒤, 그녀는 성공적으로 목적지에 도착해 주차장에 차를 세웠다. 그리고 무사히 도착했다는 메시지를 엄마에게 보냈다. 당황한 와중에도 자신에게 전화하지 않고 스스로 문제를 해결한 딸을 엄마가 자랑스러워하리라 기대하면서! 안나는 매우 아름다운 정원을 가로질러 갔다. 저무는 햇살에 나무들은 금빛으로 물들고 있었다. 숲속이나 자연 속을 걷는 행동이 뇌에 대단히 유익한 건 너무도 당연한 일이야, 그녀는 주변 풍경을 둘러보면서 다시 한번 생각했다. 마음이 차분하게 가라앉으면서 긴장이 풀리는 느낌이었다. 그녀는 다양한 색감의 초록에 경탄하고 꽃에서 풍겨 나오는 향기에 매혹당한 채, 나뭇잎들이 서로 살랑살랑 스치는 소리 하나하나에 주의를 기울였다. 하루 종일 컴퓨터나 스마트폰 화면에만 자극을 받았던 그녀는, 문득 자신의 모든 감각이 깨어났음을 깨달았다. 안나는 인구밀도가 아주 높은 환경에서 사는 일본사람들이 왜 산림욕을 하고 싶어 하는지 이해가 갔다. 그녀 역시 자연 속에 있을 때면 후각과 청각이 되살아날 뿐만 아니라, 생각도 더 선명해지는 느낌이 들었다.[64] 그러므로 자연 속에서 걸으면 기억력, 사고력, 언어능력 그리고 창의력이 자극된다는[65] 최근의 연구 결과는 그다지 놀라운 발견도 아니었다. 안나는 오늘 하루 매우 심한 스트레스를 받았지만 이제 완전히 활력을 되찾았다. 그녀는 미술관 입구를 향해 걸어가면서 고생고생하며 여기 온 자신에 만족했다. 억지로 하는 행동도 득이 되는 경우가 바로 이런 거였다!

🔗 우리 뇌가 공간을 어떻게 코드화하는지 이해하고 싶으면, **178페이지**로 가보세요.

오후 9시
마음에 쏙 드는 그림이야

안나는 번쩍거리는 새하얀 홀에 앉아 있었다. 파티장의 전면 유리창은 모두 숲이 우거진 매우 아름다운 정원을 향하고 있었다. 그녀는 마음이 평온했고, 자선 파티의 취지에 깊이 감동했기 때문에 참여하게 되어 크게 기뻤다. 한 현대 화가의 멋진 작품 몇 점이 오늘 저녁 경매에 출품될 예정이었다. 그 작품들은 작가의 대표작들로, 화려한 색채와 팝아트풍의 콜라쥬 기법을 활용해 뉴욕의 풍경들을 그려내고 있었다. 안나는 캔버스 위에 겹쳐진 다양한 형태와 색채에 매료되었다. 그녀는 그러한 작업이 어떻게 가능한지 궁금했고, 지금 이 순간 자신의 뇌에서 일어나는 일 또한 궁금했다.[66]

안나가 아직 모르는 사실이 있었다. 그림 한 점이 제시되었을 때, 그 그림에 대한 취향은 단 10초 안에 일어나는 전두엽의 활동에 좌우된다는 사실이었다. 이 주제에 관해 연구하는 이탈리아 연구팀에 의하면, 인지에 관계되는 두정엽과 후두엽에서 시작해서 미적 판단에 관계되는 전두엽과 전전두(엽)피질에 이르기까지 일련의 뇌 활동을 추적하는 게 가능하다. 우리가 어떤 작품이 아름다운지 아닌지 판단할 때, 피질 내의 어떤 특수 영역이 활성화된다. 그보다 훨씬 더 놀라운 점은 우리가 특정 작품을 측면에서 감상할 때보다 정면에서 감상할 때 해당 뇌 영역이 최대치로 활약한다는 사실이다![67]

눈앞의 작품에 감탄하는 동안, 안나는 자기도 모르는 사이에 자신의 뇌에서 일어나는 일들을 전혀 인식하지 못했다. 그녀는 눈으로 캔버스를 감상하면서 화려한 공간을 둘러보는 것에 즐거움을 느꼈다. 그런데 그녀 눈은 무질서하게 움직이지 않고, 왼쪽에서 오른쪽으로 움직였다. 왜 그런 방향으로 움직일까? 이유는 아주 간단하다. 안나가 글을 읽는 방향이 왼쪽에서 오른쪽이니까. 사진, 풍경, 그림 들을 살펴볼 때는 평소에 글 읽는 방향과 같은 방향으로 보게 되고,[68] 각자가 노출된 시각 환경에 의해 초등학교에 입학하기도 전에 눈을 움직이는 방향이 정해진다는 사실을 몇몇 연구들이 증명했다. 이러한 문화적 특성의 영향력으로 인해서 우리는 특정 이미지를 다른 이미지들보다 더 선호하게 될 수도 있다. 즉 왼쪽에서 오른쪽으로 글을 읽는 사람은 자신이 글을 읽는 방향과 같은 방향으로 이동하는 동물 이미지를 선호하는 반면, 오른쪽에서 왼쪽으로 글을 읽는 사람(예를 들어 히브리 사람이나 아랍 사람)은

오른쪽에서 왼쪽으로 이동하는 대상을 훨씬 더 선호한다.[69]

화가의 뇌에서 일어나는 현상 또한 마찬가지로 신묘하다. 안나는 화가의 뇌가 특히 창작의 순간에 어떻게 기능하는지 몹시 알고 싶었다. 그 순간, 선사시대 사람들의 전두엽 형태가 변화하면서 시각 영역과 전두엽 영역이 새로운 연결망을 갖게 되었고 그 결과 원시적인 예술 창작이 가능해졌다는[70] 내용의 논문이 떠올랐다. 그렇다면 현대인들은? 뇌 활동이 어떻게 창작을 가능하게 할까?

직업 예술가와 예술 애호가의 뇌 영역은 비슷한 방식으로 작용하지 않는다. 안나에게 가장 인상 깊었던 사실은, 예술가 뇌는 이성적 사유의 회로와 휴식·상상력·몽상의 회로 사이의 협력이 두드러진다는[71] 점이었다. 안나 경험으로 볼 때 안나 뇌는 그렇게 기능한 적이 없었다. 그 결과 안나는 그 대가를 치러야만 할 때가 있었다. 어떤 문제를 해결하려고 필사적으로 애쓴다든가 정신이 딴 데 있을 때, 그녀는 두 회로가 협력하지 않고 오히려 대립한다고 뚜렷이 느꼈기 때문이다. 그런데 뇌의 작동 방식은 그 창조 행위의 성격에 따라서도 달라지는 듯하다. 예술적 창조와 과학적 연구에서 동일한 뇌 회로가 작동하지 않는다는[72] 건 분명히 납득할 만한 연구 결과였다!

자신의 뇌를 그대로 유지한 상태로 창의력을 증진시킬 수 있다면 얼마나 좋을까. 안타깝게도 아직 뇌 이식 기술이 실현되려면 한참이나 남았으니까, 창조적 인간이 되려면 모든 걸 내려놓고 선입

건에서 벗어나야 한다고 안나는 생각했다. 타이타닉호의 예가 특히 그녀에게 강하게 와 닿았다. 타이타닉이 난파할 때, 재앙의 원인이었던 빙산이 오히려 승객들을 익사에서 구해줄 구조물이 된다는 사실을 그 누구도 생각하지 못했다. 항해자들은 빙산을 피해야 할 위험으로 생각했지, 난파한 사람들이 그 위로 올라가 익사의 위험을 피하는 피난처로 쓸 수 있다고는 꿈에도 생각하지 못한 것이다. 경직된 표현에서 벗어나면 훨씬 더 창의적인 상태가 된다는 건 분명한 사실이다. 이를테면 술을 한 잔 마시면 억제되었던 것이 어느 정도 풀리듯이.

한 연구에 따르면, 술을 한 잔만 마셔도 어떤 문제를 해결하기 위한 창의력이 충분히 활성화된다. 그러나 안나는 생각이나 행동에 대한 통제력을 잃는 걸 지나치게 두려워했다. 그러므로 그녀는 창의력을 계발하기 위해 다른 수단을 찾아야만 했다! 지금 안나는 몇 분 뒤 모든 사람이 경매에 참여할 때 흥분이 한층 더 고조되리라 생각하면서 그림들에 감탄하고 있었다. 어쩌면 그녀는 지나치게 억눌려 있어서 그림을 직접 그리지 못하는지도 모른다. 하지만 적어도 작품 한 점을 손에 넣을 순 있다. 게다가 그러한 행위에 뜻 깊은 명분이 있다면 마다할 이유가 있을까?

🔗 뇌가 예술을 감상하는 방식에 관해 더 알고 싶으면, 181페이지로 가보세요.

21

오후 9시 30분
남을 돕는 게
나를 돕는 일이다

안나는 지나치게 흥분한 상태였다. 정말 갖고 싶은 대형 작품은 엄청나게 비싸 엄두도 낼 수 없었기에 그녀는 결국 작은 조각 작품에 눈독을 들였다. 그 작품은 'LOVE'라는 단어로 만든 소품으로, 화려한 콜라주로 뒤덮여 있었다. 예술가 카르포프(Karpop)*가 사랑과 연관된 모든 것을 집결시킨 소품으로 아주 독특한 느낌을 주었다. 안나는 자기 집에 딱 어울릴 그 오브제에 매료되었고, 자기가 반드시 낙찰받으리라 확신했다. 경매가 시작되자 안나는 그 작품을 손에 넣기 위해 분투했지만, 점점 높아지는 경매가에 불안해지기 시작했다. 저렇게 가격이 뛰는데 내가 끝까지 따라갈 수 있을까? 자신이 값을 부르고 나면 이내 몇 줄 뒤에서 번번이 누군가가 손을

---

* 페인팅과 콜라주에 주력하는 프랑스의 시각예술가.

올리는 걸 그녀는 감지했다. 늘 그랬듯이 소심한 그녀는 계속 더 높은 가격을 부르는 그 사람을 보기 위해 뒤를 돌아볼 용기가 나지 않았다. 경매가가 그녀가 지불 가능한 최고가에 거의 근접했지만, 그녀는 오늘 행사의 취지에 전적으로 공감했기 때문에 이대로 포기할 수 없었다.

그녀는 신체적·정신적 장애나 행동장애를 지닌 '다른' 아이들이 평범한 환경에 받아들여지기가 얼마나 어려운지 알고 있었다. 모든 청소년에게 개방되는 문화센터를 마련하기 위해 자원봉사 단체가 하는 일은 정말 대단했다. 16세, 18세 또는 20세 자녀를 둔 학부모가 자기 아이가 일반 청소년들과 같은 센터에 다니게 된 건 이번이 처음이라고 말하는 모습은 감동적이었다. 좋은 취지의 행사에 조금이나마 힘을 보태겠다는 의지와 함께 경쟁적인 경매에 달아오르면서 안나는 불현듯 힘이 솟아올랐다. 그녀는 포기하고 싶지 않았다. 앞으로 몇 달 동안 쫄쫄 굶으며 빈털터리로 살아가는 한이 있더라도! 게다가 그녀 엄마는 그녀의 이런 행동을 분명 이해하리라. 그녀 엄마는 안나가 아주 어릴 때부터 남에게 베풀고 도움을 주는 선행은 자기 자신을 돕는 일이라고 말해왔다.

또한 캐나다 연구자들이 증명한 바에 따르면, 이타적인 취지에 5000유로의 후원금을 내는 행동이 오로지 자신을 위해 5000유로를 쓰는 행동보다 훨씬 더 직장인들을 행복하게 한다.[73] 그 연구팀은 직장인의 행복이 상여금 액수에 좌우되지 않고, 타인을 위해 지출한 금액에 비례한다는 사실도 증명했다! 즉 더 많이 벌기 위해 더 많이 일하는 게 아니라, 더 많이 베풀기 위해 더 많이 일한다는 것이었다! 가장 믿기 어려운 사실은, 그것이 매우 우대받는 사회계층이나 도시뿐만 아니라 모든 환경의 사람들에게 해당한다는 사실이었다.[74] 이 연구들은 남과 나눌 때에도 무언가를 얻을 때와 동일하게 대뇌의 보상회로가 활성화된다는 사실을 증명했다.

지금 이 순간 안나는 자기가 갖고 싶은 것을 자신에게 선물하면서, 동시에 도움이 필요한 누군가를 위해 후원금을 내는 즐거움을 발견했다. 하지만 우선은 경쟁이 멈춰야 그 기쁨을 음미할 수 있을 것이다. 그녀는 설령 자기가 원하는 물건을 낙찰받지 못하더라도 낙찰가를 높이는 데 기여했고, 그럼으로써 후원금이 늘어나는 데 기여한 셈이라고 생각하며 자신을 위로하려 했다. 하지만 경매 물품을 손에 넣기 위해 끈질기게 손을 들면서 그녀는 새로운 사실을 깨달았다. 안나는 돈을 많이 버는 직업을 선택한 사람들을 언제나 조금 비딱한 시선으로 바라봤었다. 그녀에게는 연봉이라는 금전적 이익보다 직위가 제공하는 지적인 이익이나 사회적인 이익이 훨씬 중요했다. 하지만 이제 그녀는 돈을 많이 벌수록 물질적인 부를 나누는 이타적인 행동을 더 많이 할 수 있다는 걸 깨달았다. 물론 재정적 지원 대신 몸으로 직접 봉사해서 이타주의를 실천할 수도 있다. 그렇지만 자선 행사에 익숙하지 않은 그녀는 다양한 감정에 사로잡혀 있었다. 그녀는 기부자들이 가장 비싼 경매 물품들을 구입하면서 가장 큰 금액을 기부하려고 경쟁하는 모습을 보았다. 기부하는 즐거움을 느끼는 한편, 자기가 갈망하는 물건을 자신에게 선사하는 행위에서 오는 흥분도 체감할 수 있었다.

안나는 생각의 물결에 휩쓸리느라 재빨리 반응하지 못했고, 눈독 들였던 경매 물품이 이미 경쟁자 손에 넘어갔다는 사실을 한참 뒤에야 알아차렸다. 그녀는 눈으로 경매 진행자를 따라가면서 자신이 그토록 간절히 원하던 조각 작품이 흡족해하는 표정의 젊은 남자에게 전달되는 걸 보았다. 그 남자가 그녀에게 가벼운 손짓을 보냈다. 장난기 있는 그의 표정은 승리의 감정과 함께 그녀가 탐내던 물건을 빼앗은 행동에 대한 미안함을 동시에 드러내는 듯했다. 안나는 그의 눈길을 외면하면서 다음과 같은 사실을 인정했다. 확실히 그녀는 이런 도전에 익숙하지 않았다. 하지만 언젠가는 이 자선 단체에 기부할 또 다른 기회가 있을 것이다. 어쩌면 예술가 카르포프가 그 자리에 참석해 그녀의 낙찰을 축하해주고 서로 친분을 맺을지도 모른다고 생각하며 안나는 씁쓸한 마음을 달랬다.

🔗 **남을 돕는 행동이 왜 자신을 돕는 일인지 그 이유를 더 자세히 알고 싶으면 184페이지로 가보세요.**

22

오후 10시
이토록 멋진 선율

안나는 자신을 감싸는 음악에 빠져들었다. 바이올리니스트 세 명과 첼리스트 한 명이 베토벤의 〈현악 사중주 8번〉 첫 음을 시작했다. 실내악 연주를 들을 때면 종종 그렇듯이, 안나는 이 음악이 오로지 자신만을 위해 작곡된 듯한 느낌이 들었다. 바로 이 순간, 그녀에게 들려주기 위해.

안나는 엄마가 한 얘기를 떠올렸다. 음악가가 연주나 작곡을 할 때는 감상자가 그 음악을 들을 때 활동하는 뇌 영역이 아닌 다른 곳이 활성화된다고 한다. 갑자기 안나는 강렬한 인상을 받았던 어떤 장면이 떠올랐고, 자기도 모르게 행복한 미소를 짓고 있다는 걸 깨달았다. 그녀는 어린 시절을 떠올리고 있었다. 그녀가 어렸을 때 그녀 부모는 그녀를 위해 날마다 모차르트의 〈두 대의 피아노를 위한 소나타 D장조 k.448〉을 들려주었다. 권위 있는 과학 학술지

〈네이처〉에 게재된 한 연구에서 이 곡을 들으면 인지능력이 향상된다고 밝혀졌기 때문이었다.[75)]

하지만 그 이후로 이 연구는 많은 논란을 낳았고, 결국 뚜렷한 결론을 내리지 못한 채 흐지부지되어 버렸다.* 과연 그 음악이 안나 자신에게 정말로 도움이 되었는지 그 여부는 영원히 알 수 없었다. 하지만 안나는 자기가 숙제하는 동안 그 음악이 아파트 안을 가득 채우던 그 순간이 생각날 때면 미소가 절로 떠올랐다. 나중에는 그 음악을 들으며 공부하는 데에 너무나 익숙해져서 정신을 집중하기 위해서는 반드시 그 멜로디가 필요할 지경이 되었다. 모차르트가 그 곡을 작곡하던 당시에 그는 몇 세기 뒤에 자신의 음악이 뇌 활동과 인지 수행에 관한 연구에 쓰일 거라고는 분명 짐작도 못 했으리라!

안나는 연구자들이 베토벤 음악이 대뇌에 미치는 효과**에 관해

----

* 1993년 미국 캘리포니아대학 연구진이 모차르트의 음악이 두뇌 능력 향상에 도움을 준다는 연구 결과를 발표하면서 '모차르트 효과'가 단번에 유명세를 타게 되었다. 실험 참가자들에게 모차르트의 〈두 대의 피아노를 위한 소나타 D장조 k.448〉을 9분 동안 듣게 한 결과, 그들의 공간 추론 점수가 향상되었다는 내용이었다. 하지만 당시이 이론은 여러 실험에서 그 효과가 입증되지 않아 지지를 받지 못했다.

** 이탈리아 로마의 라사피엔차 대학 연구진은 평균 나이 33살인 건강한 청년층 10명과 평균 나이 85세인 건강한 노인층 10명, 그리고 평균 나이 77세이며 인지기능이 떨어지는 노인층 10명을 대상으로 모차르트 음악과 베토벤 음악을 들려주고 전후의 뇌파를 조사했다. 그 결과 건강한 두 그룹은 모차르트 음악을 들었을 때 뇌가 활성화된다는 결과를 얻었으나, 베토벤 음악을 들었을 때는 그런 결과를 얻지 못했다. (Consciousness and Cognition 2015.5.29)

서도 조사했는지 어떤지 알지 못했다. 하지만 지금 이 순간 그녀가 듣는 음악, 그녀가 아주 잘 알고 있는 그 음악은 그녀에게 언제나 변치 않는 즐거움을 제공했다. 그 음악을 하도 많이 들은 나머지 그녀는 뒤이어 나올 음들을 예측하며 즐거워하기도 했다. 마침내 예상한 음들이 나타날 때, 예측·예상·기대 메커니즘은 인간의 보상회로를 활성화한다.[76] 가령 우리가 베토벤의 교향곡 5번 〈운명〉을 들을 때, 우리는 첫 세 개의 음을 듣자마자 이후에 따라올 음을 예측하게 되고(빰빰빰 빰-) 이어서 동일한 모티프가 다양한 변주와 함께 반복될 때마다 만족감을 느끼게 된다. 노래 한 곡의 전체적인 구성이 다양한 예상을 불러 일으키면서 즐거움의 호르몬인 도파민 회로가 작동하기 시작하고, 이 같은 현상은 그 예상들이 사실로 확인될 때 절정에 달한다.[77]

전문가들에 따르면 아주 복잡한 음악을 들을 때 우리 뇌는 예측, 예상, 보상 사이를 계속 오가면서 즐거움이 최대치에 이르게 된다. 안나가 지금 겪는 현상이 바로 그러했다. 그녀는 연속되는 음의 나열에 모든 정신을 집중하면서 무아지경에 빠졌다. 그녀는 인구의 5퍼센트가 딱히 우울한 상황이 아닐 때에도 음악감상에서 즐거움을 느끼지 못한다는 글을 읽은 적이 있었다.[78] 그녀는 박애정신이 투철한 사람들로 가득 찬 화려한 홀 안에서 자기가 겪는 경험이 더할 나위 없이 즐거웠기 때문에, 그런 기쁨을 느끼지 못하는 사람들이 진심으로 가엾게 느껴졌다.

안나는 피아노를 다시 시작하고 싶다는 생각이 점점 더 커졌다. 그녀는 어린 시절 거의 십 년 동안 피아노 레슨을 받았다. 그러다가 친구들 대부분이 그랬듯, 대학교에 들어가면서 연주를 완전히 그만두었다. 해가 바뀔 때마다 새해에는 피아노 선생님에게 다시 연락하리라 마음먹곤 했지만 결국 흐지부지되어 버렸다.

안나는 악기 연주를 배우면 뇌가소성* 기제가[79] 활성화되고, 아이들의 인지능력이 자극될 뿐 아니라, 아이들의 학습장애 특히 난독증을 개선하는 데 도움이 된다는[80] 사실을 이미 알고 있었다. 그렇지만 얼마 전에 음악이 인지기능에 미치는 긍정적 효과가 성인에게도 마찬가지로 나타난다는 사실을 알았을 때는 깜짝 놀랐다! 최근에 덴마크와 핀란드 연구진은 악기를 연주하는 성인들이 음악을 멀리하는 성인들보다 복잡한 인지능력이 필요한 업무를 수행할 때 더 높은 성과를 보인다는[81] 것을 증명했다. 심지어 동일한 지적 수준의 실험 대상자들만으로 비교했을 때, 음악을 자주 듣는 성인들이 음악을 멀리하는 성인들보다 일에 대한 주의력과 기억력이 훨씬 더 높은 것으로 나타났다!

만약 안나가 이 연구와 함께, 어린 시절에 악기 연주를 시작하면 인지능력의 쇠퇴를 늦춘다는 사실을 증명한 또 다른 연구를[82]

---

* Neuroplasticity, 뇌의 신경세포가 새로운 자극에 의해 일생 동안 자라고 변화하는 능력. 신경가소성이라고도 한다.

알았더라면 피아노 연주를 다시 시작하기 위해 피아노 선생님에게 즉시 연락했을 텐데! 하지만 지금 그녀는 현재의 순간을 즐기고 있었다. 자신을 감싸는 하모니에 실려 가는 행복을 느끼면서.

🔗 **음악이 우리 뇌에 미치는 영향**을 이해하고 싶으면
187페이지로 가보세요.

23

오후 10시 30분
저 남자,
내 얘기 하는 건가?

초대객들이 하나둘씩 호화로운 뷔페에 모여들었다. 그 모습을 본 안나는 현실 세계로 돌아왔다. 쿠키가 가득한 쟁반 하나하나는 그 냥 눈으로 보기만 해도 절로 행복해졌다. 안나는 사실 자기가 먹는 음식이 무엇인지, 쿠키에 새겨진 디자인이 무슨 의미인지 몰랐다. 그녀는 사람들이 권하는 음식을 음미하면서 열을 지어 퍼레이드를 펼치는 요리의 정체를 맛과 질감으로 알아내려 했다. 마치 디자인 페어에 와 있는 느낌이었다. 한 번도 본 적이 없는 형태나 색깔의 물건을 봤을 때, 그게 무엇인지 또는 그것의 용도나 기능이 무엇인지 알기 어려운 그런 느낌이었다! 안나는 음식들을 인지하는 데 아주 중요한 요소가 시각임을 잘 알고 있었다. 어떤 소스가 빨간색이면 더 매운 느낌을 주는 것처럼.[83]

지금 이 순간 안나는 자기 눈앞에 펼쳐진 작은 접시에 담긴 수십 가지 요리들의 정체를 확인하겠다는 굳은 의지로 충만했다. 하지만 요리를 하나하나 입으로 가져갈 때마다 그녀는 혼란에 빠질 뿐이었다. 결국 매번 서빙 하는 웨이터에게 실례를 무릅쓰고 이게 뭔지 물어볼 수 밖에 없었다. 그녀는 이런 과정을 거치지 않으면 눈 깜짝할 새 응급실에 실려 가고 말 알레르기 환자들이 문득 가엾게 여겨졌다.

안나는 자기가 맛본 음식이 초록색 사과, 피스타치오, 푸아그라로 만든 형광 초록색 마카롱이라는 설명을 듣고, 놀라우면서도 매력적인 그 조합의 특징에 관해 옆에 있는 여자와 대화를 나누다가 갑자기 흠칫했다. 누군가가 방금 등 뒤에서 그녀 이름을 언급한 참이었다! 안나는 확신할 수 있었다. 어떤 여자가 어떤 사람에게 안나 이야기를 하는 중이었다. "으음음."이라고 대꾸하는 목소리로 미루어 볼 때, 그 상대방은 분명히 남자였다. 안나는 그런 현상이 가능하다는 걸 알았고, 자기가 그런 일이 일어날 만한 최적의 장소에 있다는 사실도 알았다. 출처가 다른 두 가지 청각 신호를 동시에 수신하는 이러한 현상은 '칵테일파티 효과'라고 불리는데, 심리학자 네빌 모레이(Neville Moray)가 20년에 걸쳐 연구한 주제이다. 영국계 캐나디안 연구자였던 모레이는 우리가 앞에 있는 사람과 대화를 나눌 때, 주변의 소음이나 대화를 걸러내고 상대방 말에만 주의를 집중하게 된다는 사실을 밝혀냈다. 하지만 우리가 잡음으로 처리하는 주변의 말소리 가운데 자기가 관심 있는 주제나 자신의 이름이 언급되는 경우, 그 대화를 인지하고 의식적으로 대화 내용을 수신하게 된다.

안나는 정확히 이 현상이 일어날 만한 상황에 있었다. 그녀는 현악 사중주가 연주되는 동안 옆 사람과 그 옆의 사람이 나누는 대화를 따라가려 애쓰면서 한편으로는 자기 등 뒤에서 들려오는 대화 내용을 엿듣기 위해 남아 있는 인지능력(하지만 이처럼 밤늦은 시간에 그 능력은 거의 남아 있지 않았다!)을 계속 총동원했다. 두 가지 임무를 동시에 수행하느라 주의력을 지나치게 소모한 탓인지, 안나는 과부하가 걸려버렸다. 그 결과 웨이터가 내미는 새 쟁반을 보지 못한 채 잔을 들고 몸을 돌리다가 끔찍하게도 모든 걸 산산조각 내버렸다. 그것은 필요한 경우 주의력을 양분해서 두 대화를 동시에 듣는 능력이 안나에게는 없다는 또 하나의 증거였다. 엉망이 된 상황에 당황한 안나가 창피함을 느끼며 난장판을 수습하기 위해 몸을 숙였을 때, 누군가가 그녀를 세차게 붙잡았고 그녀는 뒤를 돌아보았다. 그녀는 자기 얘기를 하던 사람이 누군지 마침내 알게 되었다. 물론 안나는 그 순간 그녀가 마주할 사람이 누구인지 확인하기보다는 차라리 그 자리에서 연기처럼 사라졌으면 했지만. 창피함과 호기심을 동시에 느끼며 안나는 눈을 들어 아까 전의 경매에서 자기와 레이스를 펼쳤던 상대를 마주 보았다. 남자는 좀 전에 안나의 마음을 사로잡았던 그 조각 작품을 왼손에 든 채, 입가에 장난기 어린 미소를 머금고 오른손을 내밀면서 자신을 소개했다.

"안녕하세요, 벤이라고 합니다! 만나게 되어 반갑습니다. 안나 씨 맞죠?"

안나는 꿀 먹은 벙어리가 되어 지금 자기가 느끼는 감정이 대체 무엇인지 파악해보려고 했다. 하지만 무리였다. 그녀는 놀라움과 기쁨, 자신의 서투른 행동에 대한 창피함과 벤이 조금 전에 자기 얘기를 한 이유를 알고 싶은 호기심 사이에서 오락가락하고 있었다. 그녀는 아무 일도 없었던 것처럼 행동하기로 마음먹고, 난장판을 치우려는 웨이터에게 사과의 눈길을 보냈다. 그리고 자선 파티와 두 사람 모두 탐냈던 조각 작품, 자선 단체의 사회 공헌 활동, 아주 멋진 행사장 분위기에 관해 벤과 대화를 나누면서 그곳을 벗어났다. 안나는 조금씩 긴장이 풀리는 걸 느꼈고, 마치 방금 전의 사고가 없었던 것처럼 이 순간을 음미했다.

🔗 칵테일파티 효과의 수수께끼를 풀고 싶으면, 189페이지로 가보세요.

24

오후 11시 30분
구름 위에 뜬 기분이야

안나는 시간이 이렇게 빨리 갔는지 몰랐다. 벌써 11시 30분이라고? 벤과 기껏해야 5분 정도 대화를 나눴나 했는데 실제로는 45분이 훌쩍 지났다. 그녀는 시간에 대한 인식이 매우 주관적이며, 같은 시간 동안이라도 병원 대기실에 있느냐 아니면 영화를 보느냐에 따라 완전히 다르게 느껴진다는 것을[84] 아주 잘 알고 있었다. 하지만 시간이 아주 빠르게 흘러갔다고 착각하는 이 현상은 이제막 그 서막을 올렸을 뿐이었다! 대화 주제들이 화수분처럼 멈출 줄모르고 계속 솟아났다. 무엇보다 그녀는 벤과 오래전부터 서로 알던 사이처럼 느끼고 있었다. 안나는 지금 자신에게 일어나는 일을이해하려 하지 않았다. 지금 이 순간 그녀는 자연스럽고 자발적이며 무엇 하나 꾸미려 하지 않았고, 벤이 자신에 대해 어떻게 생각할지에 대해 걱정하지도 않았다. 그는 안나가 사고를 친 후에 어떻게 행동하는지 이미 보지 않았던가! 하지만 안나는 그런 건 별 상관이 없다는 느낌을 벤과 공유한다고 느꼈다. 그건 그저 느낌에 불과할까? 아니면 정말로 두 사람이 서로 통하는 걸까?

안나와 벤은 아마도 어떤 미국 심리학자에 의해 과학적으로 증명된 '사람은 끼리끼리 만난다.'는 말에 전적으로 동의할 것이다. 30여 년 전에 그 심리학자는 연인 관계인 두 사람이 신체적으로 얼마나 닮았는지 증명했다.[85] 그들은 얼굴 형태, 눈 색깔, 두개골 형태가 비슷할 뿐만 아니라, 손목 둘레처럼 눈에 덜 띄는 신체 부위까지도 아주 많이 닮았다! 최신 연구에 의해 남자들은 자신에게 친근한 유전형질을 찾아서 자기와 닮은 여자들에게 끌리는 반면, 여자들은 상대방에게 매력을 느끼는 원인이 신체적인 유사성에만 국한되지 않고 더 복잡하다는[86] 사실이 밝혀졌고, 이로써 앞선 연구이 뒷받침되었다.

안나 역시 이 분석에 동의했을 것이다. 실제로 그녀는 자신과 아주 다른 남자들에게 끌릴 때가 많았으니까. 바로 지금도 그녀 머릿속에서는 어떤 신경전달물질들이 폭발하듯 뿜어져 나오면서 한 시간 전만 해도 전혀 모르는 사람이었던 그 젊은 남자에게 그녀를 빠져들게 만들고 있었다. 우리가 누군가의 매력에 빠질 때에는 옥시토신이라는 호르몬이 분비되는데, 이 호르몬은 특히 출산하는 순간에 대량으로 분비되면서 엄마와 아기 사이에 강한 결속을 다져준다. 옥시토신은 사랑하는 사람의 말에 귀를 기울이게 하고, 그 사람에게 공감하고, 그 사람과의 대화를 통해 신뢰 관계를 형성하도록 해준다. 놀랍게도 한 관계가 시작되고 나서 6개월이 지난 후에도 옥시토신의 분비량은 지속적으로 높은 수준을 유지한다는 사실이 입증되었다.[87] 이 결과를 바탕으로 학자들은 더 심도 있게 연구를 밀고 나갔고, 옥시토신이 애착 호르몬이자 변함없는 사랑의 호르몬이라는 결과를 내놓았다! 실제로 결혼한 남자들에게 옥시토신을 비강 스프레이로 투여하면, 그들은 불륜의 유혹을 더 쉽게 떨쳐낸다.[88]

안나가 이 연구 결과를 알았더라면 매일 아침 옥시토신 향수를 새로운 연인에게 뿌렸으리라! 특히 발렌타인데이 때 그녀에게 애인이 있다면 옥시토신 향수는 아주 멋진 선물이 될 것이다. 게다가 관계의 지속성과 질 또한 옥시토신 수치로 예측 가능하다는 사실이 증명된 걸 알게 되면 그녀는 날마다 옥시토신 향수를 한 방울씩 살짝살짝 몸에 뿌리리라. 결국 사랑에 빠지고, 그 사랑을 유지하고, 자신이 낳은 아이를 사랑하는 행위는 모두 유사한 메커니즘에 근거하고 있다. 이제 막 아기를 낳은 엄마라면 이것을 몸소 체험하게 된다.

물론 모든 것이 오로지 옥시토신에 좌우되지는 않는다. 연구자들은 성숙하고 행복한 부부관계에는 유전적인 원인도 있다는 사실을 증명했다. 옥시토신 스프레이도 한 가지 방법이지만, 자신의 파트너가 자신을 변함없이 사랑하게 만드는 일은 분명 그보다 훨씬 복잡하다! 특정 유전형질을 지닌 남자들을 연구한 결과, 전문가들은 그들이 독신이 되거나 불행한 연인 관계를 맺는 것이 유전자의 영향이라는 사실을 밝혀냈다.[89]

안나는 안심해도 좋았다. 지금 어떤 사람이 그녀와 벤의 관계를 분석한다면 두 사람이 사랑에 빠질 거라고 결론지었을 테니까. 사실 한 커플이 얼마나 오래 지속될지는 그들이 교환하는 시선의 빈도와 눈을 맞추고 있는 시간으로 예측 가능하다. 한 커플이 한참 동안 서로의 눈을 바라보면, 사람들은 그들이 사랑하는 사이라고 여긴다. 반면에 눈을 빠르게 마주친 뒤 시선을 신체의 다른 곳으로 돌리면 그들의 관계는 감정적인 관계가 아니라 오로지 육체적인 관계라고 여긴다.[90]

자신의 경험과 몸 안의 GPS를 믿게 된 안나는 경쾌한 기분을 느끼면서 벤을 자기 차에 태우고 그의 집까지 데려다주기로 했다. 그녀는 벤과의 관계가 앞으로 어떻게 발전할지 알 수 없었다. 확실한 건 지금 그녀가 새로운 연인과 헤어지고 싶지 않다는 사실이었다. 그녀의 옥시토신 수치가 급상승하고 있는 게 분명했다!

🔗 사랑의 수수께끼를 풀고 싶으면(그게 가능하다면), 192페이지로 가보세요.

25

오후 11시 45분
친구들끼리의 작은 비밀

안나가 바라는 건 이제 단 하나였다. 친구들에게 자신이 방금 겪은 믿기지 않는 파티에 대해 들려주는 것. 그렇다고 랜선 친구들만 가득한 SNS에 포스트를 올리고 싶지는 않았다. 지금 이 순간 그녀는 진짜 친구, 살아 움직이는 현실 속의 친구들이 필요했다. 그들의 반응을 계속 살피면서 방금 자기가 겪은 일을 상세하게 들려줄 그런 친구들. 그녀는 우정이 무엇인지 질문을 받은 아이들이 '친구란 자신의 비밀을 공유하는 사람'이라고 대답한다는 연구 결과에 완전히 동의했다.[91] 물론 안나는 더 이상 아이가 아니었지만, 만약 누군가가 자신에게 그런 질문을 던진다면 자기도 그와 똑같은 정의를 내릴 거라고 생각했다.

문제는 지금 시각이 거의 자정에 가깝다는 점이었다. 물론 지난 몇 시간 동안 일어난 모든 일을 이야기하고 그때 느낀 감정을 나누고 방금 만난 남자에 대해 친구들의 의견을 묻고 싶은 마음이야 굴뚝같았지만, 내일 출근을 위해 단잠을 자는 친구들을 이 시간에 깨울 순 없었다.

그녀는 벤을 그녀 집에서 10분 거리에 있는 그의 집 앞에 내려주었다. 그리고 아쉬움을 안고 집으로 돌아가기 위해 차의 시동을 다시 걸었다. 주변에 차가 있는지 확인하기 위해 뒤를 돌아보며 유턴을 하려는 순간, 그녀는 자선 파티에서 두 사람 모두 탐냈지만 결국 벤의 손에 넘어간 그 조각 작품이 차 뒷좌석에 놓인 것을 보았다. 그와 함께 보낸 시간이 깊은 감동으로 가득했기 때문에 안나는 벤과 아주 오래 전에 헤어진 듯한 기분이 들었다. 안나는 당장 벤에게 연락해서 그가 두고 내린 물건을 가져다주겠다고 했다. 곧 휴대폰 화면에 벤의 답장이 떴다.

"괜찮아, 일부러 두고 내렸어. 너에게 주는 선물이야. 카르포프는 내 친구야, 그녀 작품이 너한테로 가게 돼서 난 정말 기뻐. 그 조각 작품을 너한테 보내려고 칵테일파티 때 네 주소를 알아냈는데 이렇게 직접 주리라곤 상상도 못했지! 곧 또 보자, 그동안 잘 지내. 벤."

좀 전까지는 그녀 뇌 속에 옥시토신이 가득 몰려들었는데, 메시지를 읽고 나자 놀라움과 기쁨 때문에 이제는 도파민이 마구 분출했다. 그와 동시에 보상회로와 관련된 그녀의 뇌 영역들도 활력으로 가득 차는 듯했다. 우리가 예상치 못한 사건을 겪게 될 때면 항

상 그렇듯이.[92)]

오늘의 감동은 결코 사그라들지 않으리라! 안나는 밤새 잠들지 못할 게 틀림없었다! 밤마다 선잠을 잔다고 투덜댔던 그녀가 이제는 아예 잠을 이루지 못하게 되었다. 그녀 머릿속은 흥분으로 들끓었다. 여러 생각이 마구 밀려들며 요동쳤다. 만약 그녀가 인생의 짝을 만난 거라면? 관계를 오래도록 지속하는 커플들, 그녀가 그토록 부러워하던 커플들 목록에 그녀도 합류할 수 있을지 아닐지를 어떻게 알 수 있을까? 놀랍게도 연구 결과에 따르면 관계를 오래 지속하는 커플들의 뇌는 고유한 특성을 나타낸다.[93)] 관계를 유지하는 커플들은 사귄 지 오랜 시간이 지났음에도 최근에 만남을 시작한 연인들에게서 발견되는 것과 똑같은 유형의 뇌 활성화를 보인다. 게다가 fMRI 결과를 보면, 관계 초기에 나타난 보상과 동기화의 뇌 회로 활동을 바탕으로 40개월 후 그 커플이 맞이할 미래를 예측할 수 있다![94)]

관계를 오래 유지하는 커플들의 또 한 가지 비결은 두 사람이 완전히 일심동체라는 사실에 있다. 커플 중 한 사람에게 연인의 얼굴을 보여주고 그 사람의 뇌 영상을 찍어보면, 자의식에 관련되는 뇌 영역이 가장 활발히 활동한다는 것을 확인할 수 있다. 즉 우리가 오랫동안 사랑하는 연인은 어떤 면에서 이미 우리 자신의 일부분이라고 할 수 있다. 신경과학자들도 꽤나 로맨티스트 같은 구석이 있지 않은가? 안나는 자신의 뇌와 벤의 뇌가 지속적인 관계에 적합한지 알아보기 위해, 이 점에 관해 설명해달라고 엄마에게 조심스럽게 부탁할지도 모른다. 그녀는 불과 몇 시간 전에 벤을 알게 되었을 뿐인데 이미 그와 함께할 미래를 그리고 있었다!

하지만 안나는 이성적으로 생각할 수 없었다. 그녀는 자신의 정서가 과도하게 격앙되었다고 느꼈다. 그렇다고 그녀의 정서적인 안녕감이 사라져버린 건 아니다. 성숙한 연애는 오히려 신체에도 유익하다. 지속적인 사랑은 심혈관계와 면역계에도 긍정적인 효과를 미친다.[95] 애인을 만들고 애인과의 관계를 키워나가야 하는 또 하나의 이유가 바로 여기에 있다. 안나는 이미 한 번의 결별과 그 결별로 인한 정신적, 신체적 폐해를 처절히 경험한 바 있기 때문에 그것을 다시 겪고 싶은 마음은 눈곱만큼도 없었다. 그녀는 벤과 함께 세상을 바라보고 싶었고, 그의 곁에서 평온함을 느끼고 싶었다. 사랑하는 사람과 함께 아름다운 풍경을 바라보고 감동을 나누면 미주신경*에 영향을 미쳐 심장박동이 늦어지고 신체 기관이 차분해지며 옥시토신이 분비된다는 최근의 연구 내용처럼.

🔗 우정에 관한 비밀을 알고 싶으면, 195페이지로 가보세요.

---

* 몸에서 분포가 넓고 복잡한 신경으로, 대표적인 부교감신경이다. 호흡, 소화, 심박수 그리고 정신 건강에도 영향을 미친다.

26 밤 12시 15분
잠자는 뇌

상상의 나래를 펼치던 안나는 자기가 자율주행 모드로 운전하듯이 무의식적으로 운전했다는 사실을 알아차리지 못했다. 그녀 뇌는 그녀도 모르는 사이에 완전히 자율적으로 의사결정을 내렸다. 길을 잃고 헤맬까 봐 항상 두려워하던 그녀였는데! 그녀는 저녁 무렵만 해도 의심하던 몸 안의 GPS를 이제 전적으로 신뢰했다. 머릿속 GPS는 그녀가 목적지까지의 경로에 제대로 주의를 기울이지 않을 때조차도 꽤나 믿음직스러웠다.

안나는 미소를 지으면서 천천히 계단을 올라갔다. 퇴근 후 귀찮은 행사에 참석해야만 하는 그저 그런 하루에 불과했던 오늘이 영원히 잊지 못할 특별한 하루가 되었다. 그녀는 프레젠테이션을 성공적으로 해냈고, IQ 테스트를 통과했고, 차를 운전하면서 길을 잃을지도 모른다는 두려움을 이겨냈고, 무엇보다 자기가 진지한 교제를 시작할 준비가 되어 있음을 느꼈다. 이번만큼은 자신과 팀을 이루어준 자신의 뇌가 고마웠다. 그녀는 언제나 자신의 뇌를 탓하고 비난하고 모든 것을 의심하며 시간을 보냈지만, 자기가 생각하는 방식과 스스로 놀랐던 자신의 자발성 그리고 자신의 미숙함과 어리석음도 마침내 사랑하게 되었다는 걸 깨달았다. 그녀는 다음날 과연 어떤 일들이 자신을 기다릴지 기대하며 잠자리에 들었다. 만약에 엔지니어들한테 지금 나의 뇌 모형을 만들어 보라고 한다면 너무 복잡하고 어려워서 쩔쩔맬 거야. 안나는 그런 생각을 하면서 미소를 지었다. 아마 엄마도 그건 만들 수 없을걸!

안나는 마침내 잠이 들었다. 하지만 그녀 뇌는 아직도 분주히 활동하는 게 분명했다. 아마도 지금 어떤 꿈을 만들어내고 있으리라. 어떤 연구자들은 뇌의 신비를 풀고, 뇌 활동을 판독해 꿈을 읽어내려고 시도한다. 하기야 일반 대중들도 신경과학이라고 하면 그런 활동을 쉽게 떠올린다. 우리 대신 메시지를 써주는 이른바 모든 인공지능들, 정신 상태나 각성 상태 또는 수면 상태의 정도를 해독할 수 있는 측정기들, 기분이나 솔직함의 정도를 간파하기 위한 손목밴드가 개발된 이후로, 사람들 대부분은 언젠가 뇌 속에 칩들을 심고, 인간과 거의 똑같은 로봇을 만들어낼 날이 올 거라고 확신한다.

지금 안나는 평화롭게 잠들어 있다. 그녀 뇌는 여전히 유일무이하고, 만약 오늘 하루 동안의 뇌 활동을 이해하려 한다 해도, 모든 뇌 기능을 판독하는 일은 여전히 신경과학 분야 연구자들에게 거대한 숙제로 남아 있다. 그러니 이만하면 족했다! 어쩌면 안나와 벤은 지금 이 시각 같은 꿈을 꾸고 있을지도 모른다. 처음 몇 마디 말을 나눈 그 순간부터 그들의 뇌가 아주 긴밀하게 서로 연결된 것 같았던 그 느낌처럼.

요즘 새롭게 대두되는 학문인 '애착의 신경생물학*에서는 이러한 주제를 자주 다룬다. 이 학문은 관계들과 관련된 인지 과정을 이해하기 위해 신경과학과 인문학을 결합하고자 시도한다. 벤과 안나는 그들 세대 대부분이 그렇듯이, 아주 가까운 미래에 자신들의 두서없는 머릿속 생각들이 해독되고, 활짝 펼쳐진 책처럼 서로의 속마음을 읽는 날이 오지 않을까 두려워할지도 모른다! 하지만 안심하기를. 거의 알려지지 않은 무의식적인 인지 과정은 모델화된 범주만으로는 제대로 파악이 어려울 만큼 훨씬 더 광범위하니까. 아주 먼 미래에는 어쩌면 그게 가능해질지도 모르겠지만.[96]

물론 안나의 뇌 구조는 최근 몇 년 동안의 과학 연구들을 통해 설명 가능한 몇몇 보편적인 원리들에서 벗어나지 않는다. 하지만

---

* 인간은 사회적 동물로서 섭식, 수면 등과 같이 생존에 필수적인 요소뿐 아니라, 타인과의 애착관계 역시 매우 중요하다. 이 분야의 선두 연구자인 해리 할로우(Harry Harlow)는 원숭이 애착 실험을 통해 애착의 본질을 탐구하고자 했다. 그는 부모-자녀, 친구, 부부 사이에 세 가지 다른 애착 행동체계가 존재한다고 보았다. 이러한 행동 패턴에는 여러 가지 감각 기관이나 복잡한 운동반응, 기억, 사회적 인지, 동기 등의 인지과정이 포함된다.

안나가 겪은 모든 경험, 다양한 영역들이 구성되는 방식과 그 영역들이 서로 연결되는 방식, 그녀가 뇌를 사용하는 고유한 방식 등으로 인해, 그녀 뇌는 아주 놀랍고, 특별하고, 유일하며, 예측 불가능하다. 그 특이성 덕택에 안나의 뇌는 완벽한 이론 모형으로 만들어낼 수도 없고, 그 주인인 안나조차 매일 놀라게 만드는 신비로운 기관이 된다. 그건 당신 뇌도 마찬가지다!

🔗 **뇌는 훨씬 더 신비롭다.** 이것에 대해 알고 싶다면, 198페이지로 가보세요.

2부

뇌과학으로
읽어 낸
안나의 하루

01 선진국에 살수록
잠을 적게 잔다고?

우리 몸에는 환경의 주기적 변화(낮, 밤, 계절)에 적응하도록 도와주는 내적 생체시계가 존재한다. 따라서 우리의 신체 활동성은 생물학적 사이클이 대략 24시간인 활동일 주기*에 맞춰져 있다. 이 리듬은 빛과 어둠의 교차 주기를 따른다. 우리의 체온, 신진대사, 허기, 활동기와 휴식기, 각성 상태와 수면 상태 간의 왕복 등은 모두 활동일 주기에 좌우된다.

이 리듬은 생활습관에 영향을 받는데, 실제 행동에도 다소 영향을 미친다. 예를 들면 선진국 사람들은 전기시설 덕분에 자연광보다 인공광에 훨씬 더 많이 노출된다. 날이 밝지 않아도 기상하거

---

* 식물, 동물, 균류, 심지어 박테리아까지 포함하여 지구상의 모든 생명체에서 생화학적, 생리학적, 행동학적 흐름이 거의 24시간의 주기로 나타나는 현상.

나 때때로 늦은 새벽까지 활발하게 활동하기 때문이다. 그 결과 해가 지면 잠자리에 들고 해가 뜨면 일어나는 생활보다 인공조명을 사용할 경우 수면 시간이 단축되는 경우가 종종 생기곤 한다. 그로 인해 일주일 내내 부족한 잠이 쌓이면서 상당한 수면 부채가 초래되고, 주말 동안에는 그 부채를 갚으려고 헛되이 애쓰는 현상이 일어난다.

2018년에 브라질 리오그란데 국립대학의 루이사 K. 필즈(Luísa K. Pilz)가 이끈 연구팀은 생활공간의 전기(인공광)가 일상의 행동들, 그중에서도 특히 수면 시간에 미치는 영향을 연구했다. 이 연구팀은 식민지 시대에 힘든 강제 노동을 참다못한 아프리카 흑인 노예들이 브라질 오지로 도망쳐 여기저기에 형성한 거주지 '킬롬보'에 사는 주민들의 생활양식을 연구했다. 각 킬롬보마다 전기 보급 수준이 다르다. 뒤늦게 전력이 들어왔으나 공급이 불안정한 킬롬보도 있고, 전력이 아예 공급되지 않아 인공조명이 전무한 킬롬보도 있다. 그래서 필즈 연구팀은 전기 보급 수준이 다양한 7개 주거지의 주민 213명을 대상으로 실험을 진행했다. 그들은 실험 대상자들이 빛에 노출되는 지속시간, 활동기와 휴식기, 잠자리에 드는 시간과 수면 지속시간 등을 각각 조사했다. 그 결과 주민들의 생활양식은 거주지의 도시화 정도와 전력 공급 시기에 좌우됨이 밝혀졌다. 전기가 아직 보급되지 않거나 아주 최근에야 보급된 거주지 주민들은 도시화된 거주지 주민들보다 대체로 더 일찍, 더 오래 잠을 잔다(평균 한 시간 더 많이). 이 결과는 우리의 생활양식, 특히 인공조명의 과도한 사용이나 각종 전자기기의 지나친 사용이 자연스러운 활동일 주기를 훼손하고 수면에 악영향을 끼친다는 사실을 보여준다.

02 꿈을 기억하려면 어떻게 해야 할까?

자신이 꾸는 꿈의 시나리오 작가라 할지라도 꿈을 기억해내기란 매우 어렵다. 꿈으로 심리학적 분석을 하려는 게 아니더라도 우리는 잠을 자는 동안 자신에게 무슨 일이 일어났는지, 자신의 상상력은 어디까지인지 알고 싶은 호기심을 종종 느낀다.

최근 몇 년간 연구자들은 꿈을 기억하도록 하는 뇌 메커니즘을 연구하는 프로토콜 개발에 본격적으로 뛰어들었다. 연구 결과, 무엇보다 꿈을 꾸는 도중에 잠에서 깨어났을 때 그 꿈을 기억할 가능성이 가장 높다는 사실이 밝혀졌다. 사실 잠을 깨는 순간부터 장기기억 저장 과정들이 작동하면서 기억화, 다시 말해 꿈을 기억하는 작용이 일어난다.

버클리대학의 라파엘 밸럿(Raphael Vallat) 교수 연구팀은 2018년에 다양한 교육기관에서 수면장애가 없는 프랑스 학생 1137명(그중

3분의 1은 남학생)을 선발하여 그들을 대상으로 꿈을 기억하는 능력을 평가했다. 실험 참가자들은 수면 습관에 관한 다음 내용의 온라인 설문지에 답해야 했다. 점등 시간, 주중과 주말의 기상 시간, 수면장애의 유무, 수면 시간 동안의 뒤척임, 낮잠의 빈도와 지속시간, 몽유병이나 잠꼬대의 유무, 자기가 꾼 꿈을 기억하는 능력, 자주 반복되는 꿈의 여부, 자신이 꾼 꿈과 수면의 특징을 묻는 내용이었다.

실험 참가자들은 매일 밤 주중에는 평균 8시간, 주말에는 평균 9시간 잠을 잔다고 대답했다. 그리고 그들 가운데 90퍼센트 이상이 잠드는 데 아무런 문제가 없다고 답했다. 참가자들은 평균적으로 일주일에 세 번, 아침에 꿈을 생각하면서 잠을 깨고 간밤의 꿈을 기억한다고 응답했다. 꿈에 일관성이 있고 그 내용이 명료할수록 참가자들은 더 쉽게 꿈을 기억했다. 또한 참가자 중 14퍼센트는 때때로 비몽사몽 상태를 체험한다고 밝혔다. 아울러 이러한 사람들은 일반적으로 밤에 꾼 꿈을 더 쉽게 기억했다. 마지막으로 참가자 중 6퍼센트만이 같은 꿈을 자주 되풀이해 꾼다고 답했다.

이 연구의 여러 매개변수 가운데 성별의 영향이 발견되었다. 즉 여학생들이 남학생들보다 잠을 더 오래 자고 꿈을 더 잘 기억할 수 있었다. 이러한 차이는 심리·사회적 요인에서 기인할 가능성이 있다. 어린 시절부터 여자아이들은 남자아이들보다 자신이 꾼 꿈을 얘기하는 데 더 익숙하고, 꿈을 이야기해보라는 격려를 더 많이 받는다. 이러한 습관으로 인해 젊은 여성들은 자신의 꿈을 기억하는 데 관심이 더 많아지고, 그럼으로써 꿈을 기억하는 능력이 점점 더 발달한다. 그러나 이러한 성별 차이는 수면의 질과 관련된 생물학적 요인에서 기인할 가능성도 있다. 사실 꿈의 기억은 깨어 있는 상태에서만 가능하므로, 여성들은 방금 꾼 꿈을 아주 뚜렷하게 기억하는 대신 토막 난 잠 때문에 (한창 잠을 자는 도중에 여러 차례 잠을 깨면서) 고통받을 가능성도 있다. 그러나 꿈을 기억하는 능력에 있어서 남성과 여성의 이러한 차이는 아주 미미하다는 사실에 유의해야 한다. 그리고 꿈을 기억하는 능력을 결정하는 원인을 더 잘 이해하려면 이 주제에 관한 더욱 풍부한 연구가 필요하다.

03

기억을 되살리는
가장 좋은 방법은?

우리가 읽은 책이나 영화관에서 본 영화 또는 점심 메뉴 같은 지나간 일들을 기억 속에 저장하고 되살리는 일은 '일화기억(episodic memory)' 덕분에 가능하다. 일화기억들은 장기기억에 속하는데, 우리가 시간 여행(예컨대 과거 어느 때 신학기 또는 지난 방학 때로 돌아가거나 아니면 앞으로 다가올 여름에 할 일을 계획하고 상상하기 위해 미래로 가는 것)을 떠날 수 있는 것 역시 바로 이 기억능력의 덕택이라고 할 수 있다.

일화기억은 우리가 직접 겪은 일에 연관되는데, 여기에는 다양한 감각 정보도 포함된다. 그래서 우리는 어떤 사건뿐만 아니라 그 사건과 연관된 시각, 청각, 미각, 촉각, 후각 정보 역시 기억할 수 있다. 모든 감각 가운데 후각이 기억과 밀접하다는 사실은 익히 알려져 있다. 옛 애인의 향수 냄새, 애플파이 냄새, (나이가 아주 많은 사람의 경우) 구두약 뚜껑을 열었을 때 나는 냄새 같은 후각 자극은 아주 오래전 기억까지도 떠올리게 해준다. 마르셀 프루스트는 어린 시절 먹었던 마들렌 맛을 강조했지만, 지난날을 즉각 떠올리게 해주는 자극은 무엇보다 냄새다.

후각과 기억이 이처럼 아주 깊은 연관성을 가진다는 사실은 이제 과학적으로 증명되었다. 냄새는 아주 쉽고 강렬하게 기억에 남고, 우리가 어떤 기억을 떠올릴 때 그 기억과 연관된 냄새도 함께 떠올리게 된다. 이런 맥락에서 2004년에 런던 인지신경과학회의 갓프리드(Gottfried) 연구팀은 다음과 같은 사실을 증명해냈다. 실험 대상자에게 처음에는 시각적인 물건을 그 물건의 냄새와 함께 제시하고, 그다음에는 시각적으로만 그 물건을 제시하였다. 이런 경우 실험 대상자의 뇌에서는 시각 영역들뿐만 아니라 후각을 담당하는 조롱박피질 역시 작동하였다. 달리 말하면, 한 물건을 시각적으로 보는 행동은 그 물건의 냄새에 대한 기억을 자동으로 활성화한다.

알츠하이머병 같은 몇몇 퇴행성 신경질환들은 자전적인 기억을 되살려내는 데 상당한 어려움을 유발한다. 그럼에도 불구하고, 우리가 알다시피 그러한 질환에 걸린 환자들의 뇌에도 어떤 기억들, 특히 과거 기억 중에서도 아주 먼 옛날의 기억이 보관되었을 가능성이 있다. 덴마크 학자인 마리 커크(Marie Kirk)와 도르테 베른트센(Dorthe Berntsen)은 최근 알츠하이머병 환자들을 대상으로 기억에 관한 실험을 실시했다.[97] 실험 내용은 관련된 단어 하나만 듣는 경우보다 모든 감각을 자극하는 실제 물건을 활용하는 경우 기억이 더 쉽게 되살아나는지 알아보는 것이었다. 실험 참가자들은 자신이 다루는(보고, 만지고, 냄새를 맡는 등) 담배 갑과 관련된 기억을 되살려야 했다. 그리고 그 기억을 하나의 단어('담배' 또는 '피운다')에만 의지해서 얻어낸 기억과 비교했다. 그 결과 모든 실험 참가자들(알츠하이머병 환자들)은 단지 말로만 제시한 경우보다 실제 물건을 함께 제시했을 때 특히 그 물건의 냄새를 통해 더 많은 기억을 떠올렸고, 특정 과거에 대해서도 더 풍부하고 세세하게 기억해냈다. 즉, 우리가 물건을 접하면서 느끼는 다양한 감각은 치매 환자들이 과거에 그 물건을 사용했을 때의 기억을 되살리는 데에도 도움이 된다는 사실이 증명되었다.

04 왜 컴퓨터 **바탕화면은 초록 들판**일까?

현대인의 생활습관은 지난 수십 년 동안 완전히 바뀌었다. 최근 연구에 따르면 오늘날 인간은 하루 중 95~99퍼센트의 시간을 실내에서 보낸다. 그것도 앉거나 누워서. 다시 말해 움직이지 않고 보낸다! 이러한 사실은 수렵채집 생활을 하던 선조와 달리, 우리는 자연 속에서 활동적인 시간을 보내지 않으며 자연을 별로 접하지도 않고 살아감을 의미한다! 그렇지만 우리는 알게 모르게 여전히 자연 자극에 쉽게 이끌리고, 도시의 아스팔트보다 초록색 환경을 선호한다.

최근에 연구자 몇몇은 환경이 우리의 인지 과정, 지각, 감정 들을 변화시키고, 더불어 생리적인 면에도 영향을 미친다는 사실을 증명했다. 우리 대부분은 자연에서 멀리 떨어져 지내지만, 신경을 안정시키고 긴장을 풀어주는 자연 자극을 찾는 경향을 여전히 간직하고 있다. 또한 이 연구는 자연을 접하면 심박수를 감소시키는 부교감신경계*가 즉각적으로 반응하고, 그 결과 안녕감과 이완감을 느끼게 된다는 것을 보여주었다. 다른 몇몇 연구들은 긴장감 높은 영화를 본 실험 참가자의 심박수는 빨라지고, 자연풍경 사진을 본 실험 참가자의 심박수는 느려진다는 사실을 증명했다. 따라서 단지 자연을 보기만 해도 그 즉시 신경이 안정되고 긴장이 풀리는 효과가 있다. 많은 이들이 낙원 같은 자연풍경을 컴퓨터 바탕화면으로 쓰는 이유도 바로 그 때문이다.

하지만 시카고대학의 캐스린 E. 셜츠(Kathryn E. Schertz)에 따르면, 자연을 접하면 긴장 완화를 능가하는 매우 유익한 효과를 얻을 수 있다. 셜츠는 실험 참가자들에게 공원 사진이나 비디오를 보여주며 동시에 그들 머릿속에 떠오르는 생각을 뇌 영상으로 찍는 실험을 진행하였다. 실험 결과 시내 중심가 사진을 보았을 때보다 공원 사진을 보았을 때 실험 참가자들이 훨씬 더 정서적이고, 즐겁고, 긍정적인 생각을 떠올린다는 것이 밝혀졌다. 다시 말해 무채색 도시를 구성하는 금속과 유리를 볼 때보다 자연에서 보는 불규칙한 곡선이나 다채로운 색깔을 감상할 때 인간은 훨씬 더 쉽게 밝은

---

* 교감신경계와 함께 자율신경계를 구성하는 말초신경으로, 내부 장기의 기능을 조절한다. 편안한 상태에서 활성화되며 심장박동수와 혈압을 낮추고 소화기관에 혈액을 많이 흐르게 하여 에너지를 확보하는 방향으로 작동하도록 만든다. 자극을 받으면 활성화 정도가 높아지는 교감신경계와 길항작용하며 균형을 유지한다.

생각을 떠올린다는 의미다. 인생을 낙관적으로 보려면 우리 모두 전원에서 휴식을 취하자!

인지적인 측면 역시 무시할 수 없다. 스탠포드대학의 메릴리 오페조(Marily Oppezzo)와 대니얼 L. 슈바르츠(Daniel L. Schwartz)는 자연 속에서 걸으면 창의력을 활성화하는 데 도움이 된다는 사실을 증명했다. 연구자들은 실험 참가자들이 각 조건을 수행한 뒤, 창의력 테스트를 받게 해 실험 조건에 따라 창의력이 어떻게 달라지는지 알아보았다. 실험 내용은 다음과 같다. 한 그룹은 기본 조건에서 창의력 테스트를 받았다. 두 번째 그룹은 실외에서 산책한 뒤 창의력 테스트를 받았다. 마지막 그룹은 휠체어를 타고 실외에 나갔다 온 뒤 창의력 테스트를 받았다. 이는 물리적으로 실외에 있기만 하는 경우와 실외에서 걷는 경우의 차이를 구별하기 위함이었다. 그 결과, 실외에서 앉아만 있을 때보다 걸어다닐 때 창의적인 생각이 더 쉽게 떠오른다는 사실이 증명되었다. 걷기는 신체 건강에도 유익하지만, 인지 활동에도 긍정적인 영향을 미친다.

결론적으로 자연환경과의 접촉이나 숲속에서의 짧은 산책 또는 차선책인 도시공원 산책은 주의력과 기억력을 확실히 향상시키고, 내내 풀리지 않았던 문제들을 해결하는 데 도움이 되며, 기분도 함께 개선한다.

05 긴장하면
왜 머리가 안 돌아갈까?

우리의 인지능력은 여러 요인에 영향을 받는다. 스트레스도 그중
하나다. 스트레스 때문에 계획에 차질이 생기는 상황은 누구나 경
험해봤으리라. 예를 들어 사람들 앞에서 연설해야 한다는 생각만
으로도 목이 잠기거나, 큰일을 앞두고 완전히 얼어붙어 쩔쩔매지
않을까 하는 두려움 때문에 패닉 상태에 빠지기도 한다. 스트레스
를 받은 상태에서는 아는 걸 모조리 잊어버린 것 같다(물론 그건 단
지 느낌일 때가 많다). 스트레스는 암기 내용을 기억해내려 할 때뿐
아니라, 주의력 집중이나 의사결정 과정에도 영향을 미친다. 그 결
과 스트레스를 받으면 우리는 질문에 대답하지 못하거나 선택에
어려움을 겪을 수 있다.

　인간이 진화를 거듭하면서 스트레스와 인지의 연관성은 점점
더 깊어졌다. 생리학적 관점에서 보면, 이 연관성은 우리가 스트레

스를 받았을 때 활성화되는 뇌내 시스템(정확히는 교감신경계, sympathetic nerve system)이 정보를 처리하는 임무도 동시에 맡기 때문에 생긴다.

스트레스로 인해 생물학적인 반응이 야기되는 일련의 과정은 다음과 같다. 먼저, 스트레스 자극에 대한 주관적인 해석이 일어난다. 엄청나게 큰 거미를 보거나 당신 강연을 들으려는 사람들도 가득 찬 강당을 바라보기만 해도, 인지 관련 영역들은 활성화를 시작한다. 뒤이어 기억과 감정 회로(특히 편도체나 해마 같은 변연계)가 즉시 움직인다. 이러한 변연계 구조들은 상황과 관련된 위험을 감지하고, 뇌줄기, 해마, 전두엽에 신호를 보낸다. 그 결과 다양한 생물학적 반응이 나타난다(예를 들면 목소리가 떨리거나 진땀이 흐르는 등). 물론 스트레스가 인지에 끼치는 영향은 그 스트레스의 종류, 상황의 특수성, 상황에 대한 통제 가능성, 과거에 비슷한 상황을 극복했던 기억을 떠올릴 수 있는 가능성, 그 외에 당사자의 개인적인 기억과 성격에서 비롯하는 다양한 요인들에 따라 더 커지거나 작아질 수 있다. 흔히들 스트레스를 부정적으로만 바라보지만, 어떤 사람들은 스트레스가 통제 가능할 정도로 적당한 수준일 때 오히려 능률이 오른다.

스트레스가 우리 행동과 태도에 미치는 해로운 영향을 감소시키는 방법은 다음과 같다. 심호흡하기, 마음 가라앉히기, 긴장 풀기, 우리를 불안하게 하는 자극에서 한 발 거리두기 그리고 이 같은 행동을 통해 불안을 줄이면서 인지 과정을 다시 활성화시키기. 이것은 명상 그중에서도 마음챙김 명상의 근간이기도 하다. 이러한 명상 기법은 최근 몇 년 동안 전 세계로 빠르게 퍼져나갔다. 명상은 현재의 순간에 차분하게 관심을 집중하면서, 자신의 신체적인 감각, 생각, 감정을 받아들이고 확인하는 활동이다. 마음챙김 명상을 주기적으로 실행하면 기분이 좋아지고 주의력도 향상된다. 또한 불안과 스트레스를 낮추고 불안과 스트레스의 부정적인 영향도 줄이면서 인지기능과 이성적 사유에도 큰 도움이 된다. 현재 많은 연구자들은 명상 기법이 아동과 다소 미성숙한 성인의 인지 과정에 미치는 긍정적인 효과들을 밝히고자 연구를 진행하고 있다.

06 웃으면
학습능력이 올라간다고?

유머 없는 인생이 무미건조하고 음울하리라는 사실은 분명하다. 유머를 이해하는 능력이나 유머를 만들어내는 능력은 우리 삶에 절대적인 영향을 미친다. 유머는 타인과 소통하거나 상대에게 호감을 얻게 도와주고, 하루를 환하게 밝혀주며, 심지어 스트레스로 인해 정신적 외상이 유발되는 상황도 견뎌내게 한다는 사실이 이미 밝혀졌다. 신경생리학적인 관점에서 유머는 심혈관계, 면역계, 내분비계의 효율을 증가시키면서 여러 이로운 효과를 낳고, 스트레스에 대한 천연 억제제 역할을 한다. 웃음은 뇌의 보상체계를 활성화하고, 이를 통해 기쁨의 감정을 불러일으킨다.

2001년에 고엘(Goel)과 돌란(Dolan)이 실시한 연구는 뇌 영상 기법을 통해 유머 감각을 연구한 최초의 사례다.[98] 그들은 인간이 어떤 농담에 대해 웃기다고 판단할 때 복내측 전전두피질이 활성화되면서 즐거운 느낌이 유발된다는 것을 증명했다. 그러므로 웃음이 정신과 신체의 건강에 유익함은 명백한 사실이다. 하지만 모든 유머나 농담이 우리를 웃게 하진 않는다! 사실 우리를 웃기는 유머는 아주 드문 편이다! 어떤 상황은 폭소를 유발하지만 또 다른 상황은 우리를 심드렁하게 만든다. 그러므로 모든 상황을 웃음으로 승화할 수 있는지를 아는 데서 더 나아가, 과연 인간에게 보편적으로 웃음을 주는 요소가 있는지, 즉 이른바 공통적인 유머 코드가 있는지를 알 필요가 있다.

우리가 보고 듣는 어떤 상황이나 이야기가 뇌에서 일련의 결과를 초래하면 미소나 웃음, 억누를 수 없는 폭소까지 터뜨리게 된다. 웃음이 터지려면 어떤 상황이 우리를 놀라게 하면서도 거기에 연루된 사람들(그 사건의 당사자 또는 구경꾼)에게 부정적인 영향을 전혀 미치지 않아야 한다. 만일 누군가가 가볍게 넘어지는 장면이 웃음을 불러일으킨다면 그것은 당사자가 위험에 처할 만큼 심각한 사고가 아니기 때문이다.

텍사스대학의 요츠나 바이드(Jyotsna Vaid) 교수에 의하면, 몇몇 남자 여자들에게 '유머 감각이라 하면 떠오르는 대표적인 인물'을 물었을 때 모든 사람이 하나같이 '남자' 개그맨 중 하나를 떠올렸다고 한다. 그것은 아마도 다양한 문화적 요인, 특히 개그맨보다 개그우먼 수가 적다는 사실에서 기인한 결과일 가능성이 있다. 그리고 여자들은 (성별과 상관없이) 주변 사람과 원활하게 교류하기 위해 유머 감각을 사용하지만, 남자들은 유머를 일종의 경쟁 수단으로 이용하는 듯하다. 하지만 누구나 아는 명백한 사실은, 유머가 상당히 효과적인 유혹 수단이라는 점이다. 한 여자가 한 남자의 농담에 웃는 횟수는 그녀가 그 남자를 다시 만나고 싶은 마음과 뚜렷한 상관관계가 있다. 함께 많이 웃는 커플은 훨씬 더 오래 관계를 지속한다. 그러므로 웃음은 개인 간의 관계를 긍정적으로 강화하고 관계의 지속기간을 연장하며 스트레스를 줄여줄 뿐만 아니라, 모든 연령층의 학습능력, 특히 아동의 학습능력을 활성화한다. 이렇듯 유머는 우리의 인지능력과 행복을 위한 든든한 아군이므로 앞으로도 아주 진지하게 검토, 연구되어야 한다!

07 멀티태스킹은
불가능할까?

우리는 매 순간 외부 세계에서 전달되는 다양한 정보(시각, 청각, 촉
각 등)뿐만 아니라 자신의 신체로부터 전달되는 다양한 정보(체온,
심장의 두근거림, 통증, 현재의 자세)에 둘러싸인다. 이러한 정보들은 시
시각각으로 무수하게 쏟아지므로, 처리능력에 한계가 있는 우리의
중추신경계가 동시에 다루기에는 수가 너무 많다. 따라서 정보가
얼마나 새로운지, 얼마나 중요한지, 그 순간에 우리가 얼마나 주의
력을 기울일 자세가 되었는지에 따라 주의력은 처리할 정보를 선택
하고 우선권을 주는 역할을 한다. 이러한 선별작업을 일컬어 '선택
적 주의(selective attention)'라고 한다.

선택적 주의는 매 순간 우리를 방해하는 정보의 파도를 차단
한다. 실제로 두정엽과 전두엽을 연결하는 뇌 신경 네트워크는 눈,
귀, 피부로 입수한 정보 중에 우리를 방해한다고 여겨지는 정보를

우리가 모르는 사이에 스스로 선택해 걸러낸다. 그 결과 우리는 그런 정보들을 인지하지 못한다. 이 페이지를 읽는 동안 당신은 아마도 당신 체온이나 당신 발밑 지면과의 접촉을 인지하지 못했을 것이다. 하지만 그 정보들은 감각수용체에서 인지되고, 관련된 뇌 영역으로 이미 전달되었다.

처리해야 할 정보들을 선별하는 능력이 무엇보다 중요한 이유는, 흔한 생각과는 달리 우리는 동시에 여러 가지 일(메일, 문자, 인터넷 등)에 주의를 기울이는 행위가 불가능하기 때문이다. 실제로 우리는 두 가지 일 중 하나가 완전히 자동 수행되어야만(예를 들면 걷는 동시에 말하기, 숙련된 운전자가 운전하면서 라디오 방송 듣기 등) 두 가지 일에 주의력을 분산할 수 있다. 두 가지 임무 모두가 상당한 주의력을 요구할 경우(가령 운전하면서 전화 통화하기), 동시 수행은 불가능하다. 그런데 최근에는 한쪽에 스마트폰이나 컴퓨터나 태블릿 화면을 켜둔 상태로 동시에 업무를 보고, 전화나 메일에 응답하고, 인터넷 서핑을 하는 등의 멀티태스킹이 유행하고 있다. 어떤 사람들은 그런 행동이 가능한 듯 보일지 모르지만, 대개 착각에 불과하다. 사실 우리 대부분은 그런 행동이 불가능하다.

우리가 이처럼 주의력을 분산시키고 있을 때, 효율성은 급격히 하락하며 집중력을 과다하게 소모하는 탓에 빠르게 피곤해진다. 게다가 동시에 여러 가지 정보들에 자극을 받으면서도 거기에 곧바로 응답하지 못하는 습관을 그대로 두면 심각한 위험이 발생하기도 한다. 즉 항상 멀티태스킹 하는 습관을 들이면 한 가지 일에 오랜 시간 동안 집중하는 능력을 잃게 된다. 안타깝게도 이러한 현상은 한두 시간의 수업 시간 동안 선생님 강의에 집중하지 못하는 아이들 또는 새롭거나 강도 높은 자극을 찾고 중요한 정보를 놓치지 않기 위해 음식점에 단둘이 있는 동안에도 스마트폰을 쉴새 없이 확인하는 성인들에게서 점점 더 많이 나타난다.

08 원숭이도 사람 얼굴을 알아볼까?

SNS에 접속하거나 초대 받은 파티에 참석할 때마다 우리는 친구들 또는 그냥 얼굴만 아는 사람들을 수십 명씩 마주하게 된다. 그때 우리는 그들 중 누군가의 얼굴을 그저 한 번만 쳐다 봐도, 눈매나 입매 또는 광대뼈 생김새 등 얼굴의 모든 특징을 단번에 포착하면서 얼굴을 식별할 수 있다. 완전히 무의식적인 이 과정은 매우 효율적이어서, 우리가 이름이나 직업은 고사하고 그를 언제 어디서 만났는지조차 전혀 기억나지 않는 경우에도 얼굴만은 알아보는 일이 때때로 일어난다.

그런데 이러한 매우 뛰어난 안면인식 능력은 그리 놀랄 일이 아니다. 모든 동물처럼 인간 역시 경계할 이는 누구이고 신뢰할 이는 누구인지 알기 위해 사람들을 아주 빠르게 분간해낼 필요가 있다. 그렇다면 실제로 우리가 살면서 이미 마주쳤던 수많은 얼굴 가운데 특정 얼굴을 그만큼 빠르게, 그만큼 효과적으로, 아주 오랫동안 알아보게 해주는 뇌 내 메커니즘은 구체적으로 어떠할까?

2014년에 르 창(Le Chang) 연구팀은 이 의문을 풀기 위해 연구를 진행했다. 영장류의 경우, 측두엽 내 여섯 개의 뇌 영역에 얼굴을 구분하고 인식하는 특정한 신경세포들이 분포되어 있다는 사실이 이미 익히 알려져 있다. 이 영역들은 사람이나 원숭이가 물건이 아닌 얼굴을 바라볼 때 선별적으로 활성화된다. 그러나 이러한 신경세포들에 의해 얼굴이 어떻게 해독되고 인식되는지는 아직 밝혀지지 않았다.

오로지 수학적인 관점에서 이 문제에 대한 답을 찾아내기 위해, 르 창 연구팀은 피부색, 입술 형태, 이마 넓이, 코의 크기, 미간의 거리 등 얼굴을 구성하는 50가지 특징을 체계적으로 조합해 2000개의 가상 얼굴을 만들어냈다. 그런 다음, 연구팀은 얼굴을 구성하는 다양한 매개변수들이 어떻게 해독되는지 알아내기 위해 마카크원숭이 두 마리의 뇌 신경세포에 전극을 연결시켰다. 그런 다음 원숭이들에게 가상 얼굴들을 보여주었고, 그 결과 연구팀은 각 얼굴의 매개변수들과 원숭이들의 뇌 신경세포의 반응을 연관 지을 수 있었다. 이러한 실험 기법으로 연구팀은 해당 신경세포들이 한 얼굴의 고유성을 구성하는 특정 요소들에 반응한다는 사실을 밝혀냈다. 즉 한 사람의 얼굴은 여러 구체적인 특징들의 총체에 상응한다.

그 후에 르 창 연구팀은 그 과정을 역으로 추적하는 알고리즘을 개발했다. 그들은 신경세포 반응을 기반으로 원숭이가 인지한 얼굴이 어떤 얼굴인지 알아보는 실험을 했다. 마치 몽타주 사진을 만드는 경찰처럼, 연구팀은 개발한 알고리즘을 이용해 기록한 뇌 활동으로부터 얼굴을 구성해냈다. 어떤 면에서 그들은 원숭이들의 생각을 읽는 데 성공했다. 70퍼센트 이상의 사례에서 신경세포 반응을 분석함으로써 원숭이가 어떤 얼굴을 바라보는지 알아낼 수 있었다! 이런 유형의 연구는 안면을 인식하는 뇌 메커니즘에 대한 이해뿐만 아니라, 안면을 인식하는 소프트웨어 개발에도 무한한 가능성을 열어주었다.

09

장이 건강해야
뇌가 건강하다고?

뇌가 생각이나 움직임, 심장박동, 감각 따위를 돌보면서 연중무휴 작동한다는 사실을 우리는 너무 자주 간과한다. 그러므로 쉬지 않는 뇌에 에너지를 계속 공급하는 일은 매우 중요하다. 공급되는 에너지는 우리가 섭취하는 음식과 직결된다. 이는 우리가 먹는 음식이 우리의 뇌 구조와 뇌 기능에 얼마나 영향을 미치는지 그리고 우리 기분에도 얼마나 큰 영향을 미치는지를 추측하게 해준다! 우리는 일반 휘발유 대신 '고급' 휘발유를 넣어주면 차의 성능에 도움이 되리라 생각하며 비싼 휘발유를 차에 가끔 넣어주지만, 우리가 먹는 음식들이 우리 뇌 기능에 미치는 영향에 관해서 질문하는 경우는 매우 드물다. 그런데 최근 들어 새로운 학문이 태동하고 있다. 바로 '영양정신의학'으로, 이 학문은 식사가 우리의 정신 생활에 어떤 영향을 미치는지를 알리고 경고하는 데 그 목적이 있다.

이 연구의 핵심은 수면과 식욕의 조절에 관계되는 신경전달물질인 세로토닌을 이용하여 기분을 조절하고 통증도 감소시키는 것이다. 체내의 거의 모든 세로토닌은 소화기관에서 생성되는데, 소화기관에는 유익균의 영향을 받아 장의 마이크로바이옴(장내미생물군총, microbiom)을 형성하는 수백만 개의 신경세포가 분포되어 있다. 장내 유익균들은 장 건강에 중요한 역할을 하며, 뇌와 소화계를 직결하는 신경 경로를 활성화한다. 그러므로 소화계와 뇌 기능 사이에 직접적인 연관성이 있다는 사실은 놀랄 일이 아니다.

장-뇌 연결축(gut-brain axis)*에 대한 관심 덕분에 특정 음식물이 뇌에 영양을 공급하고 뇌를 보호하는 다량의 비타민, 미네랄, 항산화물질을 함유한다는 사실 또한 최근에 밝혀졌다. 사라테(Zárate) 연구팀은 오메가-3가 풍부한 음식물이 심혈관계를 보호할 뿐만 아니라, 우울증과 조울증의 위험을 줄여주고, 알츠하이머나 파킨슨병 같은 퇴행성 신경질환의 발병률을 감소시킨다는 사실을 증명했다. 같은 분야의 다른 많은 연구과 마찬가지로, 이러한 연구 결과는 특히 노년층 또는 생리적 상태 때문에 발병 가능성이

---

* 장과 뇌 두 기관이 연결돼 상호작용한다는 이론으로, 장이 튼튼하면 뇌 기능도 활발해지는 반면 장 기능이 떨어지면 뇌 기능도 떨어진다고 본다. 스트레스를 받으면 배가 아프고 소화장애가 일어나는 이유도 이 때문으로 설명한다. 미국 컬럼비아대학 의대 마이클 거숀 교수는 장과 뇌의 소통 과정에서 세로토닌 호르몬이 매개 역할을 하며, 세로토닌의 95퍼센트가 장에서 만들어진다는 사실을 발견했다. 세로토닌이 발견된 체내 기관은 뇌를 제외하고 장이 유일해 거숀 교수는 장을 '제2의 뇌'로 명명했다.

높은 충이 오메가-3를 보충하는 데 힘을 기울이는 결과를 낳았다. 노년층을 대상으로 실험한 사라테 연구팀과 더불어, 다른 연구팀은 임신과 출산을 겪는 산모와 신생아의 건강에 산모의 식단이 매우 중요한 영향을 미친다는 걸 증명했다. 2014년에 클라크(Clarke) 연구팀은 아기의 장내 미생물 발달 정도가 뇌 기능과 복잡한 행동의 조절 메커니즘에 영향을 미친다는 사실을 강조했다. 아기의 몸 안에 장내 미생물이 제대로 자리 잡지 못하면 중추신경계의 기능장애를 초래할 가능성이 있다. 이 가정에 근거하면, 신생아의 장내 미생물 발달 시기는 중추신경계와 장-뇌 연결축이 발달하는 결정적인 시기와 일치한다.

연구자들은 섭취하는 음식물이 뇌 발달, 뇌 기능, 뇌 기능장애에 미치는 중대한 역할에 연구의 초점을 맞추고 있다. 이러한 연구 결과 덕분에, 우리는 건강식품 섭취에 대해 심한 강박증에 사로잡히지 않으면서도 바른 먹거리로 식단을 구성하는 데 점점 더 많은 주의를 기울이고 있다.

10 멍 때릴 때
뇌는 뭘 할까?

특별히 생각할 게 없을 때 당신 뇌는 무엇을 할까? 이 경우에 우리는 뇌가 완전한 휴지 상태일 거라고 아주 쉽게 생각한다. 명상 시간에 눈을 감고 세상과 단절한 채 머릿속을 비울 때, 마음이 차분하게 가라앉고 긴장이 풀리며 당신 뇌 역시 휴식하고 있을 거라 믿기 쉽다. 하지만 오늘날 사람들은 전혀 그렇지 않다는 걸 알고 있다! 휴식 중인 당신의 뇌는 적어도 당신이 어떤 문제를 풀 때만큼이나 분주하게 활동한다. 당신이 이러한 지적인 휴식 상태에 있을 때, 당신의 정신은 갈피를 잡지 못하고 제멋대로 이 주제에서 저 주제로, 이 감정에서 저 감정으로, 아무 제약 없이 넘나든다.

뇌 신경 영상의 초기 연구들은 우리가 어떤 임무를 해결하는 동안 뇌가 활동하는 양상을 기록하는 데 초점을 맞추었다. 그러나 최근 몇 년간 연구자들의 관심은 우리 정신이 휴식할 때 뇌가 활

동하는 양상에 집중되었다. 그렇게 해서 그들은 뇌 영역들의 조직
망을 발견했다. '디폴트 모드 네트워크(Default Mode Network, 이하
DMN, 일명 휴식 상태 네트워크)'라고 불리는 이 조직망은 우리가 그
어떤 인지 명령도 따르지 않을 때 활성화되고, 우리가 지적인 일을
할 때는 작동을 멈춘다. 쉴 때 활성화되는 뇌의 DMN은 평소 인지
과제 수행 중에는 서로 연결되지 못하는 뇌의 각 부위를 연결한다.
DMN에는 뇌의 내측 전전두피질, 후대상피질, 두정엽의 설전부 등
이 포함된다. 따라서 우리의 정신이 잠시 휴식할 때 뇌는 '휴식 중'
이 아니다. 흥미롭게도 DMN 활동은 아무런 명령이 없는 상태에서
일어나는 뇌 자체의 활동을 의미하고, 이는 우리 뇌의 고유한 특징
이라고 볼 수 있다.

우리는 하루 중에 정신이 멍해져서 능률이 떨어지는 순간이 두
려워, 정신이 딴 데로 달아나거나 생각이 뿔뿔이 흩어지는 것을 막
으려고 애를 쓸 때가 자주 있다. 그런데 최근에 발표된 많은 과학
논문, 그중에서도 2014년에 바고(Vago)와 자이단(Zeidan)이 수행한
연구는 그러한 멍한 상태가 자발적으로 발생하고 조절될 때 창의
력과 연상 작용에 크게 도움이 된다고 설명한다. 또한 어떤 불교
수행은 생각의 자연스러운 흐름을 반영하는 이러한 평정 상태에
도달함을 목적으로 삼는다. 그러므로 명상 기법을 이용해 자발적
으로 지적 휴식 상태에 들어가면 인지능력에도 여러 가지 긍정적
인 영향을 미친다. 마음챙김 명상처럼 전면적으로 휴식하거나 어

떤 감각에 주의를 집중하게 하는 기법들은, 이후의 지적 활동 시기에 주의력이나 이성적 사유, 문제 해결 능력을 향상하는 것으로 보인다. 정신을 고삐 풀린 망아지처럼 내버려 두는 건 무리일지 몰라도, 적어도 강도 높은 노동 시간 사이사이에 생각을 잠시 해방할 필요가 있다. 우리가 자발적으로 멍 때리는 순간을 잠깐씩 가지면, 우리는 새로운 생각을 떠올리거나 문제 해결 방법을 찾아내거나 산산이 흩어져버릴 생각들을 연결할 수 있게 된다.

DMN의 활성화는 우리를 끊임없이 놀라게 한다. DMN의 계속되는 변화 과정은 언젠가 신경학 또는 정신의학 질병의 지표로 활용될지도 모른다.

11 커피 향만 맡아도
잠이 깰까?

수천 년 전부터 카페인은 수많은 문명에서 차나 커피 등 다양한 형태로 존재해왔다. 오늘날 우리가 마시는 카페인 음료는 우리 선조들이 정신을 각성하고 활력을 얻기 위해 마셨던 음료와 매우 비슷하다. 몇 년 전부터 신경과학은 각성이나 기억력의 질 또는 어떤 질병의 예방에 미치는 카페인의 신경학적 효과에 관심을 보이고 있다. 사실 카페인은 비교적 정제된 물질로, 인간의 뇌와 상호 작용하면서 물질대사, 생체시계, 심장박동을 조절하는 특별한 수용체들에 직접 작용한다.

인지적인 측면에 주목한 여러 연구 가운데, 1998년에 힌드마치(Hindmarch) 팀이 실시한 기초 연구에서는 카페인이 기억력을 상당히 향상시킨다는 사실이 증명되었다. 실험 참가자들은 아무것도 첨가하지 않은 순수한 미네랄워터, 카페인이 든 물, 그다음에 카페인이 들었거나 카페인을 제거한 차나 커피를 차례로 섭취한 뒤, 일련의 인지 테스트를 했다. 참고로 실험 참가자들은 자신이 마신 음료의 카페인 함유 여부는 전혀 알지 못했다.

이 실험은 하루 중 세 번 각기 다른 시간대에 실시되었다. 오전 9시, 오후 2시, 오후 7시. 실험 결과는 하루 동안 참가자들이 어떤 시간대에 음료를 마셨건, 어떤 형태의 카페인을 섭취했건 간에, 음료를 마시고 10분이 지난 뒤 실험 참가자들의 인지능력에 카페인이 긍정적인 영향을 미친다는 것을 똑똑히 보여주었다. 물만 마신 참가자들은 시간이 흐름에 따라 인지능력이 떨어지는 현상이 관찰되는 반면, 어떤 형태든 카페인을 섭취한 참가자들은 인지능력 수준이 그대로 유지되고 하루가 끝날 무렵에도 컨디션 저하를 거의 느끼지 않았다.

힌드마치의 연구 이후로, 이러한 주제에 관해 다양한 연구들이 진행되었고 때때로 예상치를 넘어서는 결과를 보이면서 카페인이 업무 수행에 유리한 효과가 있다는 사실을 끊임없이 입증했다. 대표적으로 2012년에 쿠친크(Kuchinke)와 럭스(Lux)는 단어 암기 수행 30분 전에 커피잔 두 잔 분량에 해당하는 200mg의 카페인을 섭취할 경우 긍정적인 단어들(예를 들면 행복)에 대한 학습 성과는 상당히 향상되는 반면, 부정적인 단어들(눈물 같은)의 학습 성과는 향상되지 않음을 증명했다.[99] 연구팀은 이 결과가 카페인이 언어를 담당하는 좌뇌 영역에 중요한 영향(이른바 도파민 생성 효과)을 미침을 시사한다고 밝혔다.

훨씬 더 놀라운 점은 우리가 카페인이 불러오는 이러한 효과에 길들여진 듯 행동한다는 사실이다. 마치 의식하지 못하는 사이에 우리 몸이 이미 카페인과 능률 사이의 연관성을 기억하고 있는 양 말이다. 즉 커피나 차를 그저 보기만 해도 신경계를 활성화하기에 충분하다. 아주 최근에 찬(Chan)과 마글리오(Maglio)가 바로 그것을 증명해냈다. 그들의 연구 결과는 한 잔의 차나 커피를 보기만 해도 능률이 향상됨을 확인했다. 그러므로 카페인 음료는 우리 뇌에 생체적인 효과뿐만 아니라 심리적인 효과까지 낳는다! 이 결과는 곰곰이 생각해볼 만하다. 사실 아주 진한 커피 한 잔을 보기만 해도 정신이 깨어난다면 하루 종일 에스프레소를 마셔댈 필요는 없을 것이다. 그러면 우리는 능력치를 베스트 컨디션으로 유지하면서도, 정상적인 심장박동을 지니고 양질의 수면을 취할 수 있으리라.

12 지능을
측정할 수 있을까?

"지능이 뭐냐고? 내 테스트가 측정하는 게 바로 그거야!" 이 인용문은 20세기 초에 IQ 검사를 최초로 만든 알프레드 비네(Alfred Binet)가 한 말이라고 대부분 알고 있다. 비네가 정말 이 말을 했는지는 확실하지 않지만, 어쨌든 이 말은 근래 상황을 아주 잘 요약해준다. 놀랍게도 '지능'은 신경과학자들이 사용하는 용어가 아니며, 뇌의 한 영역 혹은 여러 영역에서 관리되는 어떤 특별한 기능을 가리키는 게 아니다. 오늘날 우리는 여전히 지능이 무엇인지 제대로 정의하지 못하고 있다.

어떤 이들은 지능을 단지 적응하고 문제를 해결하는 능력이라고 생각한다. 이 견해에 따르면, 지능은 인간만이 아니라 모든 생물에게 존재한다. 동물계뿐만 아니라 식물계에도! 그러므로 오늘날 어떤 연구자들은 나무들이 서로 소통하고 기후 조건에 적응하거나 영양분이 가장 풍부한 땅으로 뿌리를 뻗어나가는 능력을 가리키기 위해 지능이라는 용어를 주저 없이 사용한다. 게다가 생물뿐만 아니라 전화기, 자동차, 집 따위의 물건에도 '스마트한', '지능을 갖춘'이라는 수식어를 갖다 붙이는 경향이 대세다. 어떤 이들은 반대로, 지능은 인류가 가진 높은 수준의 고유한 능력들의 총체이며 특별한 테스트를 통해 측정 가능하다고 생각한다.

'심리 측정'이라고 불리는 이러한 테스트들 가운데 흔히 IQ 검사라고 부르는 테스트가 가장 유명하다. 일반적으로 IQ 검사에는 언어능력, 산술능력, 기억력, 공간능력, 시각능력, 주의력, 논리력을 주로 평가하는 15가지 테스트가 포함되는데, 이 문제들은 심리학자에 의해 출제된다. 전체의 평균 점수와 개인이 받은 점수를 대조하여 개인의 지능지수를 결정하게 된다. 일반적으로 평균 IQ는 100으로 설정하며, IQ 100이란 그 개인과 같은 연령에 같은 문화를 누리는 사람들에게서 예상되는 중간 수준에 부합하는 점수다. IQ가 85에서 115 사이라면 평균으로 간주한다. 그리고 115 이상이면 높은 지능, 85 이하면 낮은 지능으로 간주한다.

하지만 IQ는 그리 간단하지 않다. 물론 IQ가 평균 또는 평균 이상인 개인은 자신의 인지능력을 제대로 사용하므로 심각한 인지 문제를 겪지 않는다고 볼 수 있다. 그러나 IQ가 평균 이하라고 해서 그 개인이 어떤 문제를 지니고 있는지는 전혀 알 수 없으며, 반드시 지적 장애가 있는 건 아니다. 제시된 다양한 과제를 수행하기 위해 IQ 테스트는 주의력, 시력, 청력, 언어능력, 기억력, 운동능력 등을 요구한다. 그래서 전형적인 지능장애 때문이 아니라 테스트 과정에서의 문제 때문에 아주 형편없는 점수를 받을 가능성도 있다. 또한 IQ 테스트는 무엇보다 시각, 청각, 언어, 운동 테스트이므로, 놀랍게도 시각장애, 청각장애, 운동장애(마비)가 있는 사람들 또는 테스트에 사용된 언어가 외국어인 사람들은 지능지수 테스트가 불가능하다.

그러므로 IQ 개념은 신중하게 상대적인 가치만 인정해야 하고, IQ 테스트를 모두에게 동일하게 적용해서는 안 된다. 특히 초고도 근시나 백내장 또는 청각장애로 인한 결과와 인지장애를 쉽게 구분하기 어렵다는 점 또한 잊지 않아야 한다! 평균 이하의 지능지수를 얻은 개인에게 저능이라는 진단을 내리기 전에, 그가 지능 검사를 치를 만큼 언어능력, 시력, 주의력을 지녔는지, 해당 언어와 문화적 관습에 익숙한지를 반드시 확인해야 한다.

13

SNS를 줄이면
덜 우울해질까?

인터넷은 이제 젊은층의 생활에서 없어선 안 될 존재다. 2018년 3월에 스미스(Smith)와 앤더슨(Anderson)이 실시한 연구에 따르면 미국 젊은이 중 68퍼센트가 페이스북 계정을 가지고 있고, 그들 중 75퍼센트는 매일 페이스북을 이용한다.[100] 그러나 페이스북은 이제 유일한 SNS가 아니다. 젊은이(18~24세) 중 78퍼센트는 스냅챗을, 71퍼센트는 인스타그램을 이용한다. 스미스와 앤더슨의 연구 조사가 지금 다시 실시된다면 아마도 SNS 이용률은 더 상승된 수치를 보일 것이다. 이는 오늘날 새로운 소통양식이 우리 삶에서 차지하는 비중이 높아졌음을 보여준다. SNS는 정보를 교환하고, 보고, 보이고, 수집하고, 공유하고, 발견하고, 보급하고, 지지하고, 판매하는 데 동시다발로 이용된다. 이에 따라 '포모(FOMO)'라는 새로운 증후군이 등장했다. 포모는 나 혼자만 세상의 흐름을 놓치는 듯한 두려움 또는 동참하지 않았다가 나만 기회를 놓치지 않을까 하는 강박적인 두려움을 말한다.

현대인들은 컴퓨터나 스마트폰 앞에서 너무 많은 시간을 보내므로 온라인 접속을 끊는 시간이 절대적으로 필요하다는 주장이 곳곳에서 나온다. 그럼에도 남녀노소를 불문하고 많은 이들은 마치 생사가 달린 듯 자신의 스마트폰을 놓지 못한다. 화면을 너무 오래 들여다보면 근시나 수면장애를 유발한다는 사실에 대해선 흔히들 염려하지만, 그런 행동이 정신 건강에도 해로운 영향을 미친다는 사실은 자주 간과한다. 실제로 많은 연구들이 인터넷 이용과 정신적 안녕감의 연관성을 다루고 있다. 연구들 대부분은 페이스북, 인스타그램의 사용 행태와 우울증 증상 사이에 명백한 상관관계가 있음을 밝히고 있다. 다시 말해 페이스북 사용은 자신감 저하나 고립감 증가와 관계되는 한편, 인스타그램 사용은 자아상의 문제와 관계된다. 심지어 어떤 연구는 가상의 커뮤니케이션을 집중적으로 이용하는 젊은이들의 경우, 자살로 이어질 수 있는 부정적 사고가 증가한다고 지적한다. 물론 이 연구들이 이러한 상관관계를 다룬다 해도, 그 원인과 결과의 직접적인 연관성을 규명하기란 어렵고 그 방향성을 정확히 알 수도 없다(우울할수록 소셜 네트워크에 더 많이 접속하는지 아니면 소셜 네트워크를 많이 이용할수록 더 우울해지는지 알 수 없다). 그럼에도 연구들은 소셜 네트워크의 과도한 이용이 불러올 심각한 위험을 지적하고 있다.

2018년에 헌트(Hunt) 연구팀은 인터넷 이용과 정신적 안녕감의 연관성을 더 분명히 규명하기 위해, 펜실베이니아대학의 학생 143명에게 아주 간단한 프로토콜을 제시했다. 연구진은 우선, 기준선을 정하기 위해 각 실험 참가자들의 일일 소셜 네트워크 이용 시간을 평가했다. 실험 참가자들은 두 그룹으로 나누어 3주 동안 각각 서로 다른 실험 조건을 수행했다. 각 플랫폼(페이스북, 인스타그램, 스냅챗)당 이용 시간을 하루에 10분으로 제한하는 조건과 그들이 평소에 이용하던 그대로 제한 없이 플랫폼을 이용하는 조건이었다.

실험 결과, 단 3주간 플랫폼 이용 시간을 제한했을 뿐인데도 고립감과 우울증 증상이 현저하게 감소하였다. 게다가 연구에 참여하는 과정에서 참가자들이 소셜 네트워크에서 보내는 시간을 평소보다 더 의식한 것만으로도, 불안감과 무언가를 놓치고 있을지 모른다는 두려움이 감소했다. 네트워크 이용 시간을 하루에 최대 30분으로 줄이면 정신적 안정에 대단히 긍정적인 영향을 미친다는 사실이 아주 간단한 실험으로 증명되었다. 여기까지 읽고 나면, 평소에 소셜 네트워크를 이용할 때 주의를 더 기울이고 이용 습관을 개선할 수 있을 것이다.

14 신경과학을 마케팅에 활용한다고?

사람들이 당신의 머릿속 생각을 읽고 당신이 무엇을 어떤 이유로 구매할지 훤히 꿰뚫고 있는 세상을 상상해보라. 그것이 바로 뉴로마케팅의 목적이다. 소비자의 행동을 더 잘 예측하고 조종하기 위해 사람들의 행동, 반응, 패턴 등과 같은 데이터들을 신경과학에 접목해 마케팅 전략으로 이용한다는 생각은 때때로 매우 유혹적으로 보인다. 뉴로마케팅에서는 감정, 생각, 감각, 행동, 의식이 뇌활동의 산물이라고 본다. 그래서 마케팅 담당자들은 신경생물학을 이용해 개인의 소비 방식을 더 잘 파악하는 데 아주 관심이 많다.

'소비(의) 신경과학'으로도 여겨지는 뉴로마케팅 분야는 소비자들의 의사결정과 행동을 예측하고, 파악하고, 더 나아가 거기에 영향을 미치는(또는 조종하는) 것을 목적으로 삼는다. 몇 년 전부터 우리 행동을 분석하려는 알고리즘들이 생겨나고 있다. 이 알고리즘들은 기존에 이용되던 신경과학적 방법들을 이용하고 또 발전시키면서 구매 동기, 기호, 물건을 구매할 때 의사결정에 영향을 미치는 여러 요인들을 밝히고자 한다. 여기에는 생리적·전기적 측정치(호흡, 심장박동, 동공 확장, 감정적 반응 등)부터 신경 영상, 동공의 움직임, 주의력, 시력, 매장 안에서의 동선 분석에 이르기까지 다양한 지표가 포함된다. 기업들은 기능적 자기공명영상(fMRI)과 뇌파 검사를 이용하는 정밀한 방법들을 연구·개발하여 자사 상품 또는 경쟁사 상품을 보여주거나 이런저런 상품의 구매 결정을 모의 실험하면서 실시간으로 실험 참가자들의 뇌 활동을 분석하고자 한다.

2000년대에 연구자들이 광고, 마케팅, 상품 패키지 그리고 모든 마케팅 기법들이 뇌에 영향을 미친다는 사실을 증명하면서 이러한 연구는 비약적으로 발전했다. 가장 유명한 연구 중 하나는, fMRI 장치 안에 자리 잡은 실험 대상자들에게 펩시나 코카콜라를 마시게 한 실험이다. 연구자들은 실험 대상자들이 자신이 마신 음료의 브랜드명을 몰랐을 때와 브랜드명을 알게 되었을 때 각각의 뇌 활동이 MRI상에 다르게 나타나는 것을 관찰했다. 브랜드명을 알지 못했을 때와 달리, 브랜드명을 알았을 경우에는 특히 기억력, 감정, 동기와 관련된 변연계까지도 활발하게 움직였다.

이 결과들은 우리가 어떤 상품에 관해 지닌 단순하고 객관적인 지식(특히 그 브랜드명을 아는 것)이 뇌가 반응하는 방식에 얼마나 큰 영향을 미치는지 확실하게 보여준다. 우리가 포도주나 다른 다소

비싼 요리들을 소비할 때도 이와 유사한 유형의 현상이 일어난다. 똑같은 포도주 두 잔을 두고 실험 대상자에게 특급 포도주라고 알려줄 때와 저가의 막포도주라고 알려줄 때, 뇌는 서로 다른 뇌 영역을 활성화한다. 상품 가격이나 그 외의 정보를 제공했을 때에도 마찬가지다. 그러므로 상품 그 자체의 질과 별개로 그 상품에 대한 우리의 믿음과 상품 정보들(브랜드, 원산지, 가격 등)에 따라 뇌는 다른 반응을 보인다. 우리 모두는 광고에 전혀 개의치 않는 척하지만, 이러한 실험 결과는 우리가 단지 광고의 영향을 의식하지 못할 뿐이라는 사실을 보여준다. 그래서 무서운 사실이지만, 우리의 소비습관을 조종하기 위한 온갖 종류의 작전과 뉴로마케팅이 전성기를 누리고 있다.

15 인지 편향이란
뭘까?

당신은 외부에서 끊임없이 들어오는 정보를 해석·처리하는 방식에 아무 영향도 받지 않는다고 생각하는가? 그리고 당신은 유입되는 정보들을 아주 객관적으로 분석하고, 해석하고, 그에 반응한다고 생각하는가? 우리 모두는 그렇다고 생각한다. 하지만 안타깝게도 실제로는 전혀 그렇지 않다.

인지 편향이란 우리가 주어진 정보를 다루거나 정보에 반응하는 방식에서 체계적으로 일어나는 일종의 오류다. 이러한 편향은 뇌의 모든 영역과 관련되며, 우리 뇌가 가능한 한 빨리 정보에 반응하기 위해서 때때로 정보 처리를 단순화하는 경향을 가지기 때문에 일어난다. 어떤 편향은 기억 속에 저장된 인식과 연관된다. 역으로 이미 저장된 인식들의 결합 방식이 일종의 조건화처럼 우리가 생각하고 반응하는 방식에 영향을 미칠 가능성도 있다. 가령 당신이 밤에 악몽을 자주 꾼다면 당신은 어두운 장소를 위협적이라고 생각하는 경향이 있을지도 모른다.

또한 인지 편향은 주의력의 한계에서 기인할 가능성도 있다. 우리가 모든 것에 주의를 기울이지 못하므로, 뇌는 어떤 요소에만 집중하고 그 외의 요소는 무시하려고 한다. 예를 들어 당신이 집을 구매한다고 해보자. 구매하려는 집을 방문한 당신은 그 집의 실내 장식이나 구조가 아주 마음에 들 수 있다. 그러면 당신은 그 요소들을 그 집의 에너지 효율이나 높은 시세 또는 입지보다 더 중요하게 생각할 가능성이 있고, 그 집에 대해 긍정적인 편향을 보인다. 이는 단지 당신의 주의력이 특정한 세부 요소에 이끌려서, 나머지 요소는 모두 가려버리고 객관적으로 선택하지 못하게 만들었기 때문이다. 따라서 인지 편향에서 완전히 벗어나는 건 불가능하다. 왜냐하면 지식이나 주의력 결핍 혹은 시간 부족 같은 물리적 문제로 인해서, 우리가 결정을 내리거나 무언가를 판단할 때 모든 선택지를 빠짐없이 다 아우르기란 너무나 어렵기 때문이다.

인지 편향이라는 개념은 2002년 노벨경제학상을 받은 아모스 트버스키(Amos Tversky)와 대니얼 카너먼(Daniel Kahneman)에 의해 처음 도입되었다. 그 이후로 다수의 인지 편향이 사회적 행동이나 태도, 인지, 의사결정, 교육, 건강, 경제, 경영, 무역, 재무에 영향을 미친다는 사실이 밝혀졌다. 하버드대학의 마자린 바나지(Mahzarin Banaji) 연구팀은 20년 전부터 이러한 편향을 측정하기 위한 '내재적 연관 검사(IAT, Implicit Association Test)'를 개발해 대규모로 이용했다. 아주 간단한 이 테스트는 실험 대상자에게 최대한 빨리 단어를 연상하게 한다. 실험 대상자는 먼저 '딱딱한 학문', 즉 객관적으로 수량화 가능한 과학 분야(수학, 물리학, 화학 등)에 속한다고 생각되는 단어와 이른바 '말랑말랑한 학문', 즉 객관적으로 수량화 불가능한 인문학 분야(문화, 예술, 심리학, 사회학, 철학 등)와 연관된다고 생각되는 단어를 분류한다. 다음으로 실험 대상자는 성별(남성 또는 여성)에 관련된 단어들을 최대한 빨리 골라낸다. 마지막으로 실험 대상자는 과학적 개념이나 인문학적 개념을 최대한 빨리 하나의 성(남성 또는 여성)과 연관 짓는다.

마지막 실험에서 설령 당신이 여성이고 인지 편향이 없더라도, 최대한 빨리 답을 해야 할 때 당신은 우선 과학 개념은 남성과 연관 짓고, 인문학 개념은 여성과 연관 짓는 경향을 보인다. 매우 실망스러운 결과다. 그러므로 성차별적이거나 인종차별적인 행동이나 차별적인 태도를 낳는 인지 편향의 존재를 의식해야 한다. 그래야만 편향의 가면을 벗기고, 특정 상황에서 인지 편향의 결과를 식별하고, 이를 남들에게 알릴 수 있다. 그럼으로써 개인과 사회가 인지 편향을 최대한 조심하고 대비해야 한다.

16 해가 밝을수록
욕구가 강해진다고?

우리가 얼마나 주위의 빛에 민감한지는 자신이 가장 잘 안다. 아침에 날씨가 하루 종일 흐릴 거라는 일기예보를 들었을 때의 기분을 상상해보면 바로 이해가 될 것이다. 하지만 최근에는 더 심각한 현상이 벌어지고 있다. 몇 년 전부터 낮 길이가 더 짧은 겨울에 햇빛 결핍 증상을 앓는 사람들이 증가하면서, 계절성 정동장애에 관한 논의 역시 활발해지고 있다. 생체리듬에 대한 연구 덕분에 우리는 낮밤 주기나 외부 불빛(옥외 광고판이나 가로등) 등이 우리의 수면, 생체리듬, 체온, 허기 같은 행동이나 반응 등에 어떻게 영향을 미치는지를 더 잘 이해하게 되었다.

그러나 외부의 빛은 단지 우리의 기본 행동에만 영향을 미치는 게 아니다. 최근에는 빛이 욕망이나 갈망뿐만 아니라 우리가 인식하는 사물에 대한 판단에도 영향을 미친다고 생각하기 시작했다.

네덜란드 에인트호번대학의 다니엘 라켄스(Daniël Lakens) 연구팀은 2017년에 성인 참가자들에게 가치중립적인 이미지들(음반, 책)을 다양한 광도의 조명 아래 제시하는 실험을 실시했고, 일련의 실험 결과를 발표했다. 실험 참가자들은 각각의 이미지에 대해 그것이 얼마나 부정적 또는 긍정적으로 보이는지 결정해야 했다. 테스트 결과는 다음을 명확하게 보여주었다. 더없이 평범한 물건의 가치중립적 이미지가 밝은 광도 아래에서는 훨씬 더 긍정적으로 판단된다. 달리 말해 우리도 모르는 사이에 빛의 밝기와 감정적 호소력은 동시다발적으로 뇌에서 처리되며, 인식 수준에서 깊게 연관되어 있다.

아주 최근에, 네덜란드 신경학회의 제이콥 이츠하키(Jacob Itzhacki) 연구팀은 라켄스의 연구를 더 심화하였다. 이츠하키 연구팀은 자연적이고 일상적인 빛의 변화가 욕망과 즐거운 기분에 어떻게 영향을 미치는지 연구했다. 실험 참가자들은 일주일 동안 하루에 아홉 번씩 알람 소리를 듣고, 매번 지난 알람이 울린 이후로 지금까지 자신의 마음에 들었던 것이나 자신이 원했던 것에 대해 답변했다. 답변 내용에는 주어진 시간 동안 피실험자들이 듣거나 보는 등 감각하는 것은 물론, 그들이 인식하거나 행위하기를 바랐던 것들까지 모두 포함되었다. 이 연구팀은 아홉 번의 알람 소리와 함께 실험이 실행될 때마다 시간, 주위의 광도, 참가자들의 대답을 각각 기록했다.

연구 결과는 첫째로 하루의 시간대가 우리의 판단과 욕망에 분명하게 영향을 미친다는 사실을 보여주었다. 참가자들의 기분이 가장 좋고 욕구도 가장 강렬했던 시간대는 오후 6시에서 7시 사이였다. 둘째로, 이 연구는 주위의 빛이 참가자 판단에 의미심장한 영향을 미친다는 사실을 명백히 증명했다. 우리의 욕망과 선호는 24시간 주기로 돌아가는 활동일 주기와 빛의 밝기에 좌우된다. 이 결과가 굉장히 놀라울 수도 있겠지만, 뇌 지도를 살펴보면 한편으로 당연한 결과처럼 보인다. 동기와 보상 작용을 담당하는 회로는 망막 신경절 세포(Retinal ganglion cell)*에 투영된 이미지를 통해 활성화되는데, 망막이 눈을 덮고 있으므로 빛에 민감할 수밖에 없다 (이를 광민감성이라고 한다). 따라서 여름에는 해가 아직 하늘에 높이 떠 있는 오후 6시에서 7시까지, 우리의 욕망, 욕구, 즐거움이 최대치를 보인다!

---

* 　정보를 눈으로부터 두뇌로 전달하는 세포.

17 어떻게 **돈을 써야** **가장 행복**할까?

대다수 사람들이 행복이라는 꿈을 좇는다. 이 목적을 달성하기 위해 상당한 시간, 에너지, 돈을 바치는 것을 주저하지 않는다. 그런데 개인적으로나 사회적으로 성공한 삶이라도, 해결되지 않는 질문 하나가 남을 때가 있다. 더 부유하거나, 더 권위 있는 직업을 가지거나, 더 큰 집을 소유하거나, 유명 예술작품이나 최신 자동차나 더 성능 좋은 차를 가지거나, 새로 나온 명품을 지니면 과연 더 행복해질까? 신경학 분야의 연구들은 이 점에 관해 어느 정도 우리를 안심시켜준다. 놀랍게도 재화가 늘어나도 우리는 더 행복해지지 않는다. 오히려 어떤 연구는 물질적인 재산 축적과 행복이 서로 반비례한다는 걸 밝히기도 했다!

콜로라도대학의 리프 반 보벤(Leaf Van Boven) 교수는 최근 실험을 통해 이 문제를 탐구했다. 그는 미국인 다수를 대상으로 일련의 조사를 수행했고, 이런저런 경험에 돈을 투자하는 행위가 우리를 즉시 즐겁게 한다는 사실을 밝혀냈다. 하지만 물질적인 소유물에 돈을 쓸 때는 동일한 결과가 관찰되지 않았다. 보벤 교수는 여행이나 외출 등 경험에 투자하는 행위가 새 가방이나 외투를 사는 행위보다 우리를 더 행복하게 하는 이유를 알아내고자 했다. 그 이유는 소비하기 전, 소비하는 동안, 소비한 뒤에 일어나는 일에서 기인하는 듯하다.

우선, 앞으로 겪게 될 경험에 대해 생각할 때 느끼는 행복이 소유하게 될 물질적인 재화에 대해 생각할 때 느끼는 행복보다 훨씬 더 크다. 또한 경험과 소비는 그 이후에 따라오는 생각의 양상 역시 각기 다르다. 경험은 귀납적으로 재해석되고, 재고되고, 재평가되고, 재분석되지만, 물질적인 재화를 손에 넣은 뒤에는 그러한 재구성 작업이 극히 어렵다. 한 대의 자동차는 여러 기능과 색깔을 지닌 한 대의 자동차일 뿐이다. 반면에 한 번의 여행은 전혀 새로운 각도에서 되새겨보거나 머릿속으로 다시 체험해보는 일이 가능하다. 어떤 의미에서 우리는 우리의 행동을 실제로 할 때(옷 입기, 옷을 입고 누군가에게 보여주기 등)보다 이 행동을 지성적으로 수행할 때(어떤 행동에 대해 말하기, 생각하기, 실제로 겪은 경험과 관련된 일들을 회상하기 등) 더욱 큰 행복을 느낀다.

마지막으로 언급하고 넘어갈 것이 있다. 바로 경험이 우리에게 더 큰 행복감을 느끼게 해주는 이유다. 사실 체험은 재해석이 가능하며, 많은 경우 물질적인 재화보다 훨씬 더 긍정적이며 새로운 해석을 이끌어낸다. 예를 들어 여행 중 겪은 사소한 불편은 시간이 지나면 즐거운 추억으로 회상되고 유쾌한 기억으로 남을 수 있다. 반대로 우리가 손에 넣고 나서 실망한 물건은 이후에도 부정적인 관점으로 재해석될 때가 많다. 좀 과장해서 예를 들면 '이것보다 좀 더 큰 가방을 샀어야 했는데' 또는 '다른 색 가방을 사는 편이 더 나았을 텐데' 같은 생각 말이다. 그 물건에 대한 생각을 거듭해봐야 후회의 감정이 더욱 공고해질 뿐이다. 자신이 손에 넣은 물건보다 더 예쁘고 더 호화스럽고 더 비싼 물건들은 언제나 존재할 테니까.

그러므로 행복하기 위해 돈을 소비하는 최고의 방법이 무엇인지를 숙고해야 한다. 앞으로 살펴보겠지만, 타인을 위해 돈을 쓰는 행동이 자신을 위해 돈을 쓰는 행동보다 훨씬 더 큰 행복감을 준다는 사실은 두말할 필요도 없다!

18 운동으로 치매를 예방할 수 있을까?

신체 활동이 적정 체중의 유지, 숙면, 요통 예방에 도움이 된다는 사실은 누구나 알고 있다. 그러나 우리가 걷는 한 걸음 한 걸음, 수영장에서 도는 한 바퀴 한 바퀴, 들어 올린 운동기구의 중량 하나하나가 우리의 인지 건강에도 유익하다는 건 아직 잘 알려져 있지 않다. 최근 연구에 따르면, 신체 활동은 신체뿐만 아니라 정신에도 매우 유익하다. 연구자들은 신체 활동이 퇴행성 신경질환에 걸릴 위험을 막아준다는 가정하에 심화 연구를 진행하고 있다.

뉴욕 콜럼비아대학의 모티머(Mortimer)와 스턴(Stern)은 성인 454명을 대상으로 신체 테스트와 인지 테스트를 포함한 연구를 20년에 걸쳐 실시했다.[101] 이 실험의 참가자들은 사망 후 과학 발전을 위해 뇌를 기증하기로 동의했다. 모든 참가자는 지속적인 움직임과 신체 활동을 측정하는 가속도계를 착용했는데, 그 결과 가장 활동적인 참가자들이 논리력과 기억력 테스트에서 가장 높은 점수를 얻었다. 또한 신체 활동의 증가는 치매 발병 가능성을 현저히 떨어뜨렸다. 즉 신체 활동과 인지능력 사이에 상당한 연관성이 있다는 뜻이다. 물론 식이요법 역시 신체 활동과 병행할 수 있는 수단이다.

2019년에 발표된 또 다른 연구에서 미국 듀크대학 메디컬연구소의 블루멘탈(Blumenthal) 연구팀은 아주 가벼운 인지장애를 지닌 노년층 160명을 대상으로 실험을 했다.[102] 연구팀은 실험 참가자들을 세 그룹으로 나누어 6개월에 걸쳐 테스트했다. 첫 번째 그룹은 에어로빅 강좌 45분짜리를 일주일에 세 번씩 수행했다. 두 번째 그룹은 고혈압을 감소시키는 건강한 대시 식단(DASH diet)*으로 식사를 했다. 마지막으로, 세 번째 그룹은 신체 활동과 대시 식단을 병행했다. 그 결과, 신체 활동만 실행한 경우에 인지기능이 향상되는 효과가 있었고, 거기에 식단을 병행한 경우에는 더욱 효과가 컸다. 하지만 건강한 식사 요법만 실행한 경우에는 인지능력의 변화가 없었다.

지적 활동은 '뇌 인지 예비용량'**을 만드는 새로운 신경회로망

---

*   미국 국립보건원이 고혈압 환자를 위해 만든 식사요법으로, 식이섬유, 과일, 저지방 유제품의 섭취를 늘리고, 소금, 설탕, 탄수화물, 포화지방의 섭취를 제한한다.
**   신경병리적 뇌 손상에 대한 뇌의 회복력을 말한다. 뇌 인지 예비 용량이 클수록 치매 증상이 나타나는 시점이 늦어진다.

이 형성되도록 자극하면서 인지 쇠퇴를 막는 역할을 한다. 그러나 신체 활동 역시 뇌혈관 건강에 필수불가결하다. 적절한 운동은 심혈관계의 건강을 증진하며, 신경세포에 해로운 산화 작용을 일으키는 스트레스 호르몬과 염증을 감소시키는 데도 필수적이다. 또한 신체 활동은 피질 두께를 더욱 두껍게 만들고, 뇌 영역을 서로 연결하는 신경섬유들을 내포하는 백질을 온전한 상태로 보존해준다. 이러한 결과는 기억력 보존과 뇌가소성을 위해 대단히 중요하다.

그렇다고 힘든 마라톤에 도전할 필요는 없다. 건강한 식이요법과 함께 남녀노소 누구나 규칙적으로 운동하면 심혈관계 질환과 일반적인 질병의 발병률이 감소하고, 수면이 개선되며 기분도 좋아진다. 그뿐 아니라 인지능력도 유지된다! 우리가 움직이기 위해 항상 노력해야 하는 이유다.

19 뇌 안에 GPS가 있다고?

아주 오래전부터 철학자들과 과학자들은 우리 뇌가 어떻게 공간 내에서 방향을 결정하고 위치를 확인하는지를 궁금해했다. 사실 현대인들은 잊어버린 듯하지만, GPS 시스템이 생기기 훨씬 이전부터 인간은 스스로 좌표를 정하고 길을 찾을 수 있었다. 이는 2014년에 미국계 영국인 존 오키프(John O'Keefe)와 노르웨이의 마이브리트 모세르(May-Britt Moser) 그리고 그녀의 배우자 에드바르드 모세르(Edvard Moser), 이상 세 명의 학자들이 공동 연구해 노벨 생리의학상을 받은 주제다. 그들은 뇌에서 공간 지도를 그리고, 인간이 그 지도를 따라 이동할 수 있도록 돕는 신경세포들의 존재를 발견했다. 이러한 몸 안의 GPS는 뇌의 특수한 영역에서 관리되는데, 알츠하이머병 같은 퇴행성 신경질환을 앓는 환자들은 이곳이 손상되었을 가능성이 있다.

1960년에 존 오키프가 쥐의 해마 신경세포들 안에 전극을 삽입하면서 연구가 본격적으로 시작되었다. 대뇌변연계에 속하는 해마는 기억력에 특별히 관여하는데, 피질 아래 측두엽 양쪽에 2개가 존재한다. 전극을 삽입한 쥐들은 방안에서 자유롭게 이동 가능했고, 그동안 해마 신경세포들의 활동이 기록되었다. 이 실험을 통해 오키프는 쥐가 방안의 특정 위치에 도달했을 때 반복적으로 활성화되는 신경세포들을 발견했다. 공간에 민감하게 반응하는 신경세포들의 존재를 처음으로 확인한 것이다. 그는 이 신경세포들을 '장소 세포(place cell)'라고 명명했다. 이후 1970년대 초에 오키프는 기억화를 담당하는 해마가 뇌 내의 공간 지도도 생성해내며, 기억세포들이 이 과정을 수행한다는 이론을 제시했다.

그 뒤를 이어 1997년에 신경과학자 엘리너 맥가이어(Eleanor Maguire), 리차드 프락코비아크(Richard Frackowiak), 크리스토퍼 프리스(Christopher Frith)는 런던의 택시 운전사들을 대상으로 뇌 신경 영상 실험을 진행했다.[103] 그들은 런던 택시 운전사들이 교통 혼잡을 피하면서 목적지에 빠르게 도달하는 경로를 머릿속에 떠올릴 때, 우측 해마의 활동이 결정적인 역할을 한다는 사실을 증명했다.

2005년에 모세르 부부는 공간의 위치 탐지에 아주 중요한 역할을 하는 또 다른 유형의 뇌 신경세포들을 발견했다. 그것은 '그리드 세포(grid cell)' 즉 격자처럼 조직된 세포로, 정확한 위치 확인과 공간 내에서 자기 위치를 지각하도록 하는 좌표계를 만들어낸다. 이러한 뇌 신경세포들은 오키프가 발견한 해마의 장소 세포들(GPS와 매우 유사하게 위치 확인 시스템에 관계되는 신경세포)과 네트워크를 형성한다. 현재 널리 사용되는 내비게이션 시스템과 마찬가지로, 만약 어떤 루트가 이용 불가능해지면 머릿속 GPS 역시 목적지에 도착하는 최상의 루트를 다시 계산해낸다. 장소 세포들은 이렇듯 새로운 코스 학습하기, 가본 경험 있는 길 기억해내기, 공간 내 위치를 탐지하고 확인하기 등과 같은 모든 공간적 임무에 관여한다.

이후 이 연구들은 해당 뇌 영역이 손상되어 공간인지 장애를 보이는 환자를 대상으로 한 연구를 통해 다시 검증되었다. 머릿속 GPS의 발견이 존 오키프, 마이브리트와 에드바르드 모세르 부부에게 노벨상 수상의 영광을 안겨줄 만큼 대단한 발견임에도 불구하고, 현대인들은 안타깝게도 디지털 도구에 절대적으로 의지하면서 머릿속 GPS를 더 이상 사용하지 않는다. 몸 안의 GPS를 지나치게 무시하면 결국 우리는 그것을 사용하는 능력을 영원히 잃어버릴지도 모른다!

20

예술작품은
정면에서 봐야 한다고?

몇 년 전부터 캘리포니아대학의 카테리나 세멘데페리(Katerina Semendeferi) 같은 신경생물학자들은 인간에게 나타나는 예술적 능력이 전전두피질 내의 피질 재조직화(cortical reorganization) 현상에서 기인한다고 생각한다. 특히 조정, 계획, 연합, 행동 조절 활동에 관련되는 '브로드만 영역'*은 진화 과정에서 현저한 변화를 겪으면서 인간과 영장류 간에 뚜렷한 차이를 보인다. 인간의 브로드만 영역 크기는 영장류보다 훨씬 더 크며, 신경세포들 사이의 간격 또한 영장류의 1.5배로 넓어서 영역들 사이의 연결성을 증가시키는

---

* 1909년에 독일의 해부학자 코르비니안 브로드만이 뇌 조직을 관찰하던 중 부위별로 뇌 구조가 조금씩 다름을 발견했다. 그는 조직 속의 세포 배열에 따라 대뇌피질을 52개 영역으로 나누었고 이후 많은 연구가 진행되면서 각 영역을 피질의 다양한 기능과 연관짓게 되었다.

축삭과 수상돌기가 지나갈 수 있다.* 연구자들은 이러한 생물학적 진화가 다양한 뇌 영역들 사이의 연결도를 높여, 호모사피엔스 출현 이전에 인간의 혈통과 대형유인원의 혈통이 나눠질 때 창의력과 같은 새로운 기능의 출현을 촉진했다고 생각한다.

오늘날에는 fMRI를 이용해 실험 대상자가 뭔가를 창작하는 동안 일어나는 뇌 활동을 확인할 수 있다. 미국의 신경학자 시유안 리우(Si-Yuán Liu) 연구팀은 래퍼 12명을 대상으로 실험을 진행했다.[104] 래퍼들은 뇌 활동을 기록할 수 있는 스캐너 안에 들어가 자신들이 알고 있는 노래를 부르거나 즉흥적으로 노래를 만들어 불러야 했다. 그 결과, 그들이 노래를 부를 때 조절과 통제 영역인 배외측 전전두피질(dorsolateral prefrontal cortex)** 영역이 특히 비활성화되었다. 그와 동시에 전전두피질 내의 또 다른 영역(엄밀히 말하면 창작 과정과 관계되는 내측 전전두피질)이 활성화됨이 포착되었다.

창작하는 사람의 뇌에서 일어나는 일뿐 아니라, 예술작품을 감상하는 사람의 뇌에서 일어나는 일도 실시간으로 기록 가능하다. 이는 로마의 라사피엔차 대학의 안톤 마글리오네(Anton Maglione) 연구팀의 연구 주제로,[105] 여러 학문을 융합한 학문인 '신경미학'에

---

* 신경세포(뉴런)는 축삭 1개와 수상돌기 여러 개로 이루어져 있다. 축삭은 길게 뻗어나가는 부분으로, 나뭇가지 모양의 짧은 수상돌기를 통해 전달받은 신경 자극을 다른 뉴런에 전달한다. - 저자 주
** 사고력과 논리력에 결정적인 역할을 하는 영역.

속한다. 그 연구 덕분에 우리 뇌에서 어떤 작품에 대한 호불호가 아주 빠르게, 작품을 본 뒤 10초에서 20초 이내에, 결정된다는 사실이 현재 널리 알려져 있다. 이 연구팀은 미학적 판단에 관한 정보가 인지와 주의에 관계하는 두정엽과 후두엽으로부터 작품 감상에 관계하는 전두엽과 전전두피질로 전달된다는 사실 역시 증명해 냈다.

배외측 전전두피질은 아름답다고 판단된 작품들에 의해 선택적으로 활성화되는 반면, 전전두피질 전체의 활성화는 무언가가 마음에 들거나 마음에 들지 않는다고 느끼는 전반적인 미학적 판단을 내리는 역할을 한다. 또한 실험 대상자들이 미켈란젤로의 〈모세〉를 감상하는 동안 실험을 진행한 결과, 연구팀은 충분한 조명 아래에서 조각상의 정면을 보며 그 얼굴을 응시했을 때 감정과 전기적 활성이 최대치를 보임을 밝혔다.

당신의 뇌가 어떤 그림을 최대한 잘 감상하려면 미술관 내에 사람들이 많이 몰리는 시간을 피하고, 작품의 정면에 자리를 잡고 주의를 집중해야 한다.

21 타인을 위해 지출해도 행복할까?

전통 경제학 관점에서는 인간이라는 존재가 철저히 사익(私益)에 의해 동기 부여된다고 생각한다. 하지만 모든 문명과 사회문화적 환경에서 많은 사람이 협동, 연대, 자선을 수행하거나 헌혈이나 신체 기관의 기증을 통해 자신의 신체 일부를 나누는 행동을 하는 등, 대가 없이 개인적인 손해를 기꺼이 감수하면서 타인에게 도움을 주려 한다는 사실을 확인할 수 있다. 심지어 그러한 공감이나 이타심이 없었다면, 인류는 결코 생존할 수 없었다고 우리는 생각한다. 사실 우리 조상들은 사냥을 나가거나 몸을 보호하거나 주거할 집을 짓기 위해, 현재 우리의 생활양식에서 필요로 하는 수준의 협동보다 더 크게 협동심을 발휘할 필요가 있었다. 그러므로 이타주의는 인간에게 선택이 아닌 필연이다.

이렇게 확인된 사실로부터 다음과 같은 간단한 의문 하나가 제기된다. 진화에서 사회친화적인 행동이 그만큼 중요하다면 타인을 기쁘게 하는 행동이 우리를 행복하게 하지 않을까. 그래서 영국 콜롬비아대학의 엘리자베스 던(Elizabeth Dunn)은 이를 증명하기 위한 실험을 진행했다. 연구팀은 실험 참가자들의 연수입, 소비 성향(각종 청구서, 개인적인 선물, 타인을 위한 선물, 기부, 자선활동), 그들의 행복도를 조사했다. 흔히 생각하는 바와 달리, 실험 결과는 행복감이 개인적 지출과 무관하다는 사실을 분명하게 보여주었다. 그 대신 행복은 타인을 위해 사용된 지출액에 비례했다. 이와 유사한 방식으로 던 연구팀은 두 번째 실험을 진행했다. 그 결과로 실험 참가자들이 상여금 5000달러를 자신이 아니라 타인을 위한 사용처에 쓸수록 더욱 큰 행복감을 느낀다는 것을 증명했다. 마지막 실험에서 실험 참가자들은 각각 5~20달러를 받고, 그 돈을 자기 자신이나 타인을 위해 써야 했다. 이번에도 명백한 결과가 나타났다. 실험 참가자들이 느낀 행복도는 받은 금액이 아니라 지출의 성격과 연관이 있었고, 타인을 위해 돈을 썼을 때 그들은 가장 큰 만족도를 나타냈다.

이러한 연구 결과로 타인을 위한 지출이 자신을 위한 소비보다 더 큰 만족감을 준다는 사실이 명백하게 증명되었으나, 놀랍게도 현실은 이와 매우 동떨어져 있다. 실험 참가자들은 매달 타인을 위한 지출의 열 배가 넘는 돈을 자기 자신을 위해 쓴다고 고백했다. 십중팔구 우리 중 대다수가 여기에 해당하리라.

하지만 기부가 불러일으키는 기쁨의 원인은 분명히 뇌와 관련이 있다. 베데스다 연구소의 조단 그래프만(Jordan Grafman) 연구팀에 의하면, 보상과 관련된 중뇌 변연계는 보상을 받거나 기부할 때 눈에 띄게 활성화된다. 오레곤대학 경제학과의 윌리엄 하보(William Harbaugh) 교수는 여기서 한 단계 더 나아가, 자발적인 기부가 아니라 강요나 의무에 따른 기부라도 자발적인 기부와 비슷하게 뇌 활성화를 유발한다는 사실을 증명했다.[106] 가치 있는 취지에 동참하기 위해 세금을 내는 행위는 보상과 기쁨의 신경회로와 연관된 뇌 영역을 활성화한다. 그러므로 세금 납부는 강요가 아니라 기회, 즉 공동체를 돕는 기쁨을 느끼는 기회로 인식되어야 한다!

22   왜 **아는 노래**가
더 좋을까?

음악을 연주하고 듣는 행위는 선사시대부터 인간에게 깊숙이 내재
된 활동이다. 몇 년 전부터 신경과학, 특히 fMRI를 이용하여 음악
이 즐거움을 주는 이유를 탐구하려는 시도가 있다.

흔히 뇌에 대해 다가올 일을 예측하고 사건을 예상하는 일종의
기계라고 생각한다. 예측·예상한 일이 실현될 때 우리는 즐거움을
느낀다. 그 사실은 최근의 여러 연구에서 증명되었다. 발로리 샐림
푸어(Valorie Salimpoor) 연구팀에 의하면, 음악을 들으면서 만족감
을 느끼는 이유는 앞으로 들릴 선율을 예상하고 그 예상이 맞았음
을 확인할 때 기쁨을 느끼기 때문이다. 베토벤의 5번 교향곡 〈운
명〉 1악장의 "빰빰빰 빰-"을 들을 때, 우리는 또 다른 "빰빰빰 빰-"
이 곧 뒤따를 것을 안다. 그리고 그것이 실현될 때 우리는 커다란
기쁨을 느낀다. 이런 현상은 곧이어 일어날 일에 관한 명백한 인식

뿐만 아니라 음악을 지배하는 규칙에 관한 암묵적 지식에서도 기인한다. 음악이 감정에 미치는 영향은 이러한 예측 메커니즘에 근거하며, 물론 개인적인 경험과 악기 연주 능력에도 좌우된다.

라우라 페라리(Laura Ferrari)에 의하면, 음악은 신경전달물질인 도파민을 통해 보상과 즐거움의 신경회로를 활성화한다. 그런데 음악의 효과는 행복감과 감동을 주는 데에 그치지 않는다. 음악은 읽기능력, 주의력이나 기억력 같은 인지능력을 향상한다. 특정 세대는 어릴 때 모차르트 음악을 들으며 잠이 들었다. 1993년에 〈네이처〉에 실린 논문에서 라우셔(Rauscher) 연구팀이 모차르트 음악은 지적 능력을 활성화한다고 추정했기 때문이다. 이 연구는 모차르트의 〈두 대의 피아노를 위한 소나타 D 장조 k.448〉를 들었을 때 공간능력에 긍정적인 효과가 나타났다고 밝혔다.

물론 오늘날 우리는 모차르트의 특정 음악이 몇몇 인지기능을 특출나게 향상한다는 사실을 의심한다! 그러나 음악을 연주하고 듣는 행위가 우리 능력에 이로운 영향을 미친다는 사실은 부인할 수 없다. 정상 상태의 아이나 성인뿐만 아니라 퇴행성 신경질환에 걸린 환자나 난독증이 있는 아이에게도 음악은 아주 유익하다. 게다가 브렌다 한나-플래디(Brenda Hanna-Pladdy)에 따르면 음악은 인지능력의 쇠퇴, 특히 언어능력과 시공간 능력의 쇠퇴를 막아준다. 이는 음악이 뇌 건강에 그만큼 중요하다는 뜻이다!

23 술자리에서 왜 내 이름만 잘 들릴까?

시끄럽거나 혼잡한 환경에서 누군가와 대화해야 하는 순간이 종종 있다. 요즘 같은 휴대폰 시대에는 상황이 더 심각해졌다. 왜냐하면 내 주위에 혼자 있는 사람조차도 휴대폰으로 누군가와 큰 소리로 떠들어대기 때문이다.

그래서 우리는 공공장소에서 누군가와 대화를 나눌 때 우리를 방해하는 주변 소리를 무시하고 상대방 말만 가려서 듣는 기술의 달인이 되었다. 우리는 바로 '선택적인 주의력'을 이용해 이러한 위업을 이루어낸다. 선택적인 주의력은 그 명칭에서 알 수 있듯이, 일종의 필터처럼 직접적인 관련성이 있는 정보들을 가려내고 주의를 산만하게 하는 다른 모든 것을 차단한다. 그러나 중대한 정보들이 주위에서 오간다면 어떻게 할까? 예를 들어 레스토랑에서 친구들과 저녁식사를 하면서 두서없이 이야기를 나누는 동안, 바로 뒤쪽

테이블의 누군가가 내 이야기를 한다고 가정해보자. 우리의 인지 시스템은 만반의 준비가 되어 있다. 물론 우리의 주의력은 주위에 장벽을 쳐놓은 듯 작동하지만, 자신과 크게 관련된 정보를 흘려보낼 만큼 그 장벽이 견고하지는 않다.

'칵테일파티 효과'라는 현상이 바로 이것이다. 칵테일파티가 벌어지는 왁자지껄한 상황에서 우리는 보통 여러 대화가 오가는 가운데 특정한 대화에 참여하게 된다. 그래서 우리가 참여하는 대화를 따라가면서 주위에서 들리는 말도 들으려면 주위에서 들리는 말을 충분히 효과적으로 필터링할 필요가 있다. 우리의 많은 인지 과정이 그렇듯이 이 처리 과정 역시 완전히 무의식적으로 이루어진다는 사실은 매우 인상적이다.

우리의 주의 체계는 우리가 모르는 사이에 우리에 관한 것, 우리 관심을 끄는 것(우리 이름, 귀에 거슬리는 단어들)만을 통과시키고 나머지는 모두 걸러낸다. 네빌 모레이는 이 현상을 발견한 첫 실험에서,[107] 실험 참가자들에게 양쪽 귀 중 한쪽에 다양한 청각 정보들을 주었다. 그리고 참가자들에게 다른 쪽 귀로는 제공하는 정보들에 주의를 기울이지 말라고 요구했다. 그런데 주의를 기울이지 않는 귀에 자기 이름이 들리는 경우, 참가자 중 30퍼센트 이상이 이를 알아차렸다. 그 이름이 자신의 이름인지 분명히 확인되지 않았을 때, 참가자는 자기가 주의를 기울여야 한다고 감지되는 '소리'는 들었으나 다른 평범한 단어들은 전혀 듣지 못했다. 그러므로 우리 이름은 주의력의 장벽을 통과하는 특별한 위상을 지닌다.

이 현상은 아동의 발달 과정에서 아주 이른 시기에 나타난다. 메릴랜드대학의 로셸 뉴먼(Rochelle Newman)의 증명처럼,[108] 아이들은 생후 5개월부터 자신의 이름에 특별한 중요성을 부여하고 생후 13개월부터는 성인들처럼 소음 속에서 자신의 이름을 알아차린다. 자신의 이름에 대한 특수한 관심은 인류의 진화 과정에서 발달했으리라. 도처에 널린 위험을 피해야 했던 시대에 우리 선조는 나뭇잎이 가볍게 스치는 소리에도 아주 특별한 주의를 기울였다. 마치 오늘날 우리가 등 뒤에서 낮은 목소리로 자신에 대해 험담하는 천적으로부터 자신을 방어하듯이.

24 장기 연애 호르몬이
있다고?

우리는 왜 특별히 어떤 한 사람을 사랑하게 될까? 첫눈에 반하는
순간 뇌에서는 무슨 일이 일어날까? 뇌 활동에서 지속적인 애정 관
계의 표지를 찾을 수 있을까? 상대방에게 충실한 파트너들은 특별
한 뇌 기능을 지닐까? 이러한 의문은 20년 전부터 붐을 일으킨 정
서신경과학(affective neuroscience) 분야의 연구자들을 자극하는 질
문들 가운데 몇몇 예시에 불과하다. 이 주제는 사회 전체를 열광시
키고 있는데, 이 연구들을 통해 이른바 사랑의 호르몬인 옥시토신
이 발견되었다. 해마에서 합성되는 옥시토신은 무엇보다 포유류가
아기를 출산할 때 자궁 수축과 젖 분비를 촉진한다. 그리고 분만
시 산모에서 대량으로 분비되면서 아기에 대한 강한 애착과 보호
본능을 유발한다.

하지만 옥시토신의 역할은 거기서 끝이 아니다. 이 호르몬은 공

감, 자신감, 관대함에도 관련되며, 부부관계, 사회적 관계 그리고
성관계와도 연관된다.

이스라엘 바일란대학의 이나 슈나이더만(Inna Schneidermann)
연구팀은 커플 사이의 애정에 옥시토신이 어떤 역할을 하는지에
관심을 가졌다. 그래서 이 연구팀은 젊은 성인 163명을 대상으로
혈액 속의 옥시토신 수치를 측정했다. 그들 가운데 120명(60쌍의 커
플)은 3개월 전부터 연애를 시작했고, 43명은 교제 상대가 없는 상
태였다. 60쌍의 커플 가운데 36쌍은 연애 관계를 6개월 동안 지속
했고, 이들 가운데 25쌍이 다시 검사를 받았다. 실험 결과, 커플 참
가자의 혈액 속 옥시토신 수치가 교제 상대가 없는 참가자의 것
보다 확실히 더 높게 나타났다. 커플 참가자의 높은 옥시토신 수치
는 6개월 뒤에도 감소하지 않았고, 비교적 안정적으로 나타났다.
흥미롭게도 커플이 얼마나 양질의 관계인지를 알아내는 기준을 커
플 간의 지적인 일치도로 잡건, 감정 공유의 정도나 애정의 정도
또는 상대방에 대한 관심도로 잡건 간에, 옥시토신은 언제나 커플
관계의 질과 뚜렷한 상관관계가 있었다.

게다가 옥시토신 수치는 6개월 뒤에도 관계가 지속될 커플과 그
렇지 않은 커플을 예측하게 해주었다. 실제로 연애 관계가 3개월째
에 접어든 커플 중에서 옥시토신 수치가 높았던 커플은 6개월이
되어도 관계를 유지했으나, 연애 3개월째에 옥시토신 수치가 비교
적 낮았던 커플은 6개월이 될 때까지 관계를 유지하시 못했다. 이

것은 옥시토신이 연애 관계의 시작 단계뿐만 아니라 연애 관계의
질과 지속기간에도 영향을 미침을 말해준다. 그러므로 옥시토신이
커플 관계에 미치는 영향은 엄마와 아이의 관계에서 관찰되는 영
향과 거의 비슷해 보인다.

독일 본대학교의 디크 쉴러(Dirk Scheele) 연구팀은 이 주제를 더
확대했다. 쉴러 연구팀은 파트너가 있는 남성들에게 비강 스프레이
로 일정량의 옥시토신을 뿌린 뒤, 아주 매력적인 여성을 대면시
켰다. 옥시토신의 투여 효과는 놀라웠고, 파트너에 대한 충실성과
관련해서 새로운 전망을 열어주었다! 옥시토신에 노출된 남성들은
불륜의 잠재적 원천인 젊고 유혹적인 여성을 마주했을 때 훨씬 더
쉽게 거리를 유지했다! 따라서 바람기 많은 연인이나 배우자에게
옥시토신 처방을 내린다면, 연인이 바람을 피울까 봐 전전긍긍하
는 사람들은 안심하게 되리라!

25 절친을 만드는 빠른 방법은?

친구 관계를 유지하려면 친구들과 나누는 모든 비밀은 머릿속에 간직하고, 한 친구에게 일어난 일과 다른 친구가 당신에게 이야기한 내용을 혼동하지 않아야 한다. 그러니 친구와의 인맥 유지는 매우 어려운 인지적 책무를 요구하는 셈이다! 바로 그런 이유로, 연구자인 텐 브링크(Ten Brink)와 가잔파르(Ghazanfar)는 친구의 수가 뇌 회백질의 크기와 직접 연관된다는 가설을 세웠다.[109] 소셜 네트워크상의 친구들이 몇 명이든, 친구가 되는 건 너무 많은 주의력과 기억력을 필요로 하므로 현실에서 유지되는 친구의 수는 수십 명을 넘지 않는다. 교우관계는 우리가 살아가는 데 매우 중요하기 때문에, 우정이 정신 건강과 신체 건강에 미치는 긍정적인 영향에 관한 연구들은 점점 더 늘어나고 있다.

정신적인 측면에서 무엇보다 어린 시절에 경험한 사회적 교류의 양과 질이 30년 뒤 고립감, 명랑함, 우울함의 정도를 결정짓는다! 그보다 더 놀라운 점은 신체적인 면에서도 동일한 긍정적인 결과가 발견되었다는 사실이다. 즉 우정과 사회적 교류는 일종의 신체 보호 효과를 낳는다. 이 주제를 다루는 많은 역학 연구 중에서 오스트레일리아의 자일스(Giles) 연구팀은 사회적 관계와 우정 관계의 양과 질이 특히 노인들의 수명을 증가시킴을 증명하고자 했다.[110] 이는 친구가 우리에게 얼마나 소중한 존재인지를 말해준다! 그런데 안타깝게도 가상 관계가 실제 관계를 대신하는 경향과 현대의 생활 리듬으로 인해 개인 간의 현실적인 상호교류의 양과 질은 낮아지기 쉽다. 친구를 사귀고 그 관계를 유지하려면 일정 시간을 할애해야 하기 때문이다.

이런 맥락에서 캔자스대학의 제프리 A. 할(Jeffrey A. Hal) 교수는 대학 입학을 위해 고향을 떠나 낯선 지역으로 거주지를 옮긴 신입생들을 대상으로 실험을 진행했다.[111] 실험 대상자들은 그들이 도착한 처음 몇 달 동안 교류했던 다양한 사람들과 보낸 시간, 그들과 함께 한 활동과 그 관계의 성질에 관한 설문에 답해야 했다. 단순히 서로에게 친절한 관계에서 새로 사귄 친구 관계로 발전하기까지는 50시간이 걸리고, 친한 친구라고 할 정도의 우정 관계가 성립되기까지는 적어도 90시간이 걸리며, 절친이라고 불릴 정도로 긴밀한 친구 사이가 되기까지는 약 200시간이 걸린다.

그러므로 친구를 사귀기 위해 시간을 들이는 건 필수적이다. 하지만 그것만으로는 한참 부족하다. 우리는 사람들과 많은 시간을 보내지만 그렇다고 그 사람들과 반드시 우정 관계에 다다르지는 않는다. 반대로 남녀가 첫눈에 반하듯이 '만나자마자 친구가 된 사이'도 있다. 어떻게 이런 일이 가능할까? 조에 리베르망(Zoé Liberman)은 6세 아동들에게서 그 해답을 찾았다. 이 나이에는 단순한 친구에서 진정한 친구 사이로 넘어가는 조건이 바로 비밀을 함께 나누는 행위다. 아이들에게는 비밀을 공유한다는 사실이 같은 스포츠팀에 속하거나, 같은 스타일로 옷을 입거나, 같은 반이거나, 같은 게임 소프트웨어를 가졌다는 사실보다 훨씬 더 강력한 우정의 증표가 된다. 아이들은 자기가 친구라고 생각하는 아이와 비밀을 공유할 뿐만 아니라, 어른들도 자기들처럼 비밀을 공유하는 사람끼리 친하다고 생각한다. 아마도 그들의 생각이 맞으리라! 놀랄 만큼 건강한 체력과 인지기능을 유지하면서 행복하게 살아가기 위해서는 친구들과 작은 비밀을 나누는 행위만한 게 없다.

26

뇌를 복제할 수 있을까?

이 책에서 우리는 하루 동안 젊은 여성 안나의 뇌에서 일어나는 일들을 알아보았다. 우리의 선택, 행동, 생각, 추억, 그 각각의 이면에 우리가 모르는 사이에 연중무휴 밤낮없이 일하는 복잡한 기계가 있다는 걸 상상할 수 있겠는가?

지난 수십 년간 신경과학 분야의 획기적인 발전에도 불구하고, 뇌 기능에 대한 우리의 무지는 여전히 깊고도 깊다. 사실 우리가 주의력, 기억력, 논리력 같은 인지능력 그리고 뇌에서 일어나는 화학 현상과 전기 현상을 더 잘 이해하게 되더라도, 둘 사이의 연관성은 여전히 이해하기 어렵다. 세포, 연결망, 신경전달물질, 호르몬, 전기 신호의 총체가 실제로 어떻게 다양한 생각을 야기할까? 그러니 인간 정신이 만들어지는 과정을 완전히 이해하기까지는 아직 머나먼 여정이 남아 있다.

이런 관점에서 보면, 어떤 이들이 우리에게 조금씩 불어넣는 불안감을 어느 정도 떨쳐버릴 수 있다. 우리는 인공지능을 두려워해야 할까? 로봇이 인간을 대신하게 될까? 기계가 우리 대신 생각하게 될까? 컴퓨터 지능은 한계가 없을까? 알고리즘이 인간의 의사 결정을 대신하게 될까? 운전자 없는 자율주행 자동차를 믿어도 될까? 인공지능에 의해 제기된 문제들 앞에서 어떤 윤리를 채택해야 할까?

이러한 질문들은 새로운 기술에 대해 현재 우리 대부분이 느끼는 두려움을 그대로 드러낸다. 그럼에도 인공지능은 우리의 존재와 특수성을 위협하기는커녕 오히려 인간의 지능을 위해 이용될 것이다. 실제로 뇌 기능을 더 잘 이해하기 위해 뇌 기능을 모의실험 하거나 빅데이터 접근 방법을 이용해 많은 양의 행동 데이터나 뇌 영상을 분석하는 연구는 뇌 기능에 대한 이해를 현저하게 진척시켰다. 그리고 이러한 진보는 다양한 활동, 생활 리듬 그리고 적절한 영양 섭취를 통해 우리가 인지기능을 더 잘 이용하고 보존하도록 이끌어준다.

우리는 앞으로 이루어질 연구들이 우리에게 무엇을 선사할지 아직 상상조차 할 수 없다. 뇌가소성, 휴식 시의 뇌 활동, 다양한 뇌 영역들 사이의 연결, 인지하고, 알아보고, 의식하고, 예측하고, 예견하고, 외부 사건에 적응하는 신경세포 조직망의 능력에 대한 연구는 이제 막 시작되었다. 각자의 뇌 특수성, 매 순간 뇌 활동의 변화, 상호작용하는 두 개의 뇌에서 일어나는 현상에 대한 이해, 그 외에 많은 혁신적인 연구들은 아직 걸음마 단계일 뿐이다.

인간의 두뇌처럼 기능한다고 주장 가능한 인공 뇌가 제작되려면 아직 많은 시간이 걸릴 것이다. 우리가 뇌의 모든 걸 알지 못하는 이상, 뇌를 완벽하게 모델링하는 것 또한 불가능하다는 걸 잊지 말자. 그리고 지난 몇 년간의 진척으로 많은 의문이 해결되었으나 아직 수수께끼로 남아 있는 영역도 많다. 그러므로 시간을 두고 천천히 우리 뇌와 친분을 맺고 뇌를 길들이고 그 효능과 특성을 이용하자. 무엇보다 우리 뇌를 소중히 다루자! 뇌는 우리의 가장 강력한 아군이다. 뇌는 우리를 위해 끊임없이 일한다. 그러므로 뇌를 이용해 뇌를 보살펴주자! 분명히 뇌는 활동하고, 새로운 것을 배우고, 문제를 해결하고, 갑작스러운 일에 놀라고 적응하는 편을 선호할 것이다. 그러니 로봇처럼 살아가지 말고, 항상 깨어 있는 의식으로 우리를 둘러싼 세상의 아름다움에 주의를 기울이는 즐거움을 맛보자!

뇌를 소중하게
다루는 **십계명**

01   운동을 한다.

02   가끔 정신이 멍해져도 내버려둔다.

03   잠을 충분히 잔다.

04   의식하지 못하는 인지능력과 기억력을 믿는다.

05   자제하는 법을 배운다.

06   등푸른생선과 복합탄수화물을 섭취하고, 알코올을 피한다.

07   참지 않고 마음껏 웃는다.

08   자신의 IQ나 남의 IQ에 집착하지 않는다.

09   음악을 듣고 그림을 감상한다.

10   자연 속에서 걷는다.

그리고 마지막 조언

소크라테스가 너 자신을 알라고 했듯이 너의 뇌 기능을 알라!

참고문헌

01 Zhao Z, Zhao X & Veasey C (2017). Neural consequences of chronic short sleep: reversible or lasting? Frontiers in Neurology, 8, 235, 1-11.

02 Pilz LK, Levandovski R, Oliveira MAB, Hidalgo MP, Roenneberg T (2018). Sleep and light exposure across different levels of urbanisation in Brazilian communities. Sci Rep. Jul 30;8(1):11389. doi: 10.1038/s41598-018-29494-4.

03 Vallat R, Eskinazi M, Nicolas A, Ruby P (2018). Sleep and dream habits in a sample of French college students who report no sleep disorders. J Sleep Res. 2018 Oct;27(5):e12659. doi: 10.1111/jsr.12659. Epub 2018 Feb 6.

04 Vallat R, Chatard B, Blagrove M & Ruby P (2017). Characteristics of the memory sources of dreams: a new version of the content-matching paradigm to take mundane and remote memories into account. Plos One, 12 (10). E01185262.

05 Kirk M & Berntsen D (2018). A short cut to the past: cueing via concrete objects improves autobiographical memory retrieval in Alzheimer's disease patients. Neuropsychologia, 110: 113-122.

06 Gottfried JA, Smitj AP, Rugg MD, Dolan, RJ (2004). Remembrance of odors past: human olfactory cortex in cross-modal recognition memory. Neuron, 42(4), 687-695.

07 Rochet M, El-Hage W, Richa S, Kazour F & Atanasova B (2018). Depression, Olfaction, and Quality of life: A mutual relationship. Brain Sciences, 8, 80.

08 Oppezo M, Schwartz DL (2014). Give your ideas some legs: the positive effect of walking on creative thinking. Journal of experimental Psychology: Learning, Memory and Cognition. 40, 4, 1142-1152.

09   Shertz KE, Sachdeva S, Kardan O, Kotabe HP, Wolf KL, Berman MG (2018). A thought in the park. Cognition, 174, 82-93.

10   Sandi C (2013). Stress and cognition. Wiley Interdiscip Rev Cogn Sci. May;4(3):245-261.

11   Nelissen E, Prickaerts J, Blokland A (2018). Acute stress negatively affects object recognition early memory consolidation and memory retrieval unrelated to state-dependency. Behav Brain Res. 2018 Jun 1;345:9-12.

12   Zeidan F, Johnson SK, Diamond BJ, David Z, Goolkasian P (2010). Mindfulness meditation improves cognition: evidence of brief mental training. Conscious Cogn. 2010 Jun;19(2):597-605.

13   Stasenko A & Gollan TH (2019). Tip on the tongue after any language: reintroducing the notion of blocked retrieval. Cognition, 2019.

14   Chang L, Tsao DY (2017). The Code for Facial Identity in the Primate Brain. Cell. 2017 Jun 1;169(6):1013-1028.e14. doi: 10.1016/j.cell.2017.05.011.

15   Moeller S, Crapse T, Chang L, Tsao DY (2017). The effect of face patch microstimulation on perception of faces and objects. Nat Neurosci. May;20(5):743-752. doi: 10.1038/nn.4527. Epub 2017 Mar 13.

16   Newport C, Wallis G, Reshitnyk Y, Siebeck UE (2016). Discrimination of human faces by archerfish (Toxotes chatareus). Sci Rep. Jun 7;6:27523.

17   Protopapa F, Hayashi MJ, Kulashekhar S, van der Zwaag W, Battistella G, Murray MM, Kanai R, Bueti D (2019). Chronotopic maps in human supplementary motor area. PLoS Biol. Mar 21;17(3):e3000026. doi: 10.1371/journal. pbio.3000026. eCollection Mar.

18   Clarke G, O'Mahony SM, Dinan TG, Cryan JF (2014). Priming for health: gut microbiota acquired in early life regulates physiology, brain and behavior. Acta Paediatrica. 103(8): 812-819.

19   Zárate R, El Jaber-Vazdekis N, Tejera N, Pérez JA, Rodríguez C (2017). Significance of long chain polyunsaturated fatty acids in human health. Clin Transl Med. Dec;6(1):25.

20   Ehret AM, Joormann J, Berking M (2015). Examining risk and resilience factors for depression: The role of self-criticism and self-compassion. Cogn Emot. 2015;29(8):1496-504.

21   Young SN (2013). The effect of raising and lowering tryptophan levels on human mood and social behaviour. Philos Trans R Soc Lond B Biol Sci. 2013 Feb 25;368(1615):20110375. doi: 10.1098/rstb.2011.0375. Print 2013.

22   Malouf R, Grimley Evans J (2003). The effect of vitamin B6 on cognition. Cochrane Database Syst Rev.;(4):CD004393.

23   Sünram-Lea SI, Foster JK, Durlach P, Perez C (2001). Glucose facilitation of cognitive performance in healthy young adults: examination of the influence of fast-duration, time of day and pre-consumption plasma glucose levels. Psychopharmacology (Berl). Aug;157(1):46-54.

24   Iacopetta K, Collins-Praino LE, Buisman-Pijlman FTA, Hutchinson MR (2018). Can neuroimmune mechanisms explain the link between ultraviolet light (UV) exposure and addictive behavior? Brain Behav Immun. S0889-1591(18)30328-3.

25   Nguyen NT, Fisher DE (2018). MITF and UV responses in skin: From pigmentation to addiction. Pigment Cell Melanoma Res. Jul 17. doi: 10.1111/pcmr.12726.

26   Lakens D, Fockenberg DA, Lemmens KP, Ham J, Midden CJ (2013). Brightness differences influence the evaluation of affective pictures. Cognition and Emotion. 27(7):1225-46.

27   Perrault et al (2019). Whole night continuous rocking entrains spontaneous neural oscillations with benefits for sleep and memory. Current biology, 29, 402-411.

28   Vago DR, Zeidan F (2016). The brain on silent: mind wandering, mindful awareness, and states of mental tranquility. Ann N Y Acad Sci. 2016 Jun;1373(1):96-113.

29   Maire M, Reichert CF, Gabel V, Viola AU, Phillips C, Berthomier C, Borgwardt S, Cajochen C, Schmidt C (2018). Human brain patterns underlying vigilant attention: impact of sleep debt, circadian phase and attentional engagement. Sci Rep. 2018 Jan 17;8(1):970.

30   van Schalkwijk FJ, Sauter C, Hoedlmoser K, Heib DPJ, Klösch G, Moser D, Gruber G, Anderer P, Zeitlhofer J, Schabus M (2019). The effect of daytime napping and full-night sleep on the consolidation of declarative and procedural information. J Sleep Res. 2019 Feb;28(1):e12649.

31   Dhand R, Sohal H (2006). Good sleep, bad sleep! The role of daytime naps in healthy adults. Curr Opin Pulm Med. Nov;12(6):379-82.

32 Hindmarch I, Quinlan PT, Moore KL, Parkin C (1998). The effects of black tea and other beverages on aspects of cognition and psychomotor performance. Psychopharmacology (Berl). 1998 Oct;139(3):230-8.

33 Quinlan P, Lane J, Aspinall L (1997). Effects of hot tea, coffee and water ingestion on physiological responses and mood: the role of caffeine, water and beverage type. Psychopharmacology (Berl). 1997 Nov;134(2):164-73.

34 Chan EY, Maglio SJ (2019). Coffee cues elevate arousal and reduce level of construal. Conscious Cogn. 2019 Apr;70:57-69.

35 Komase Y, Watanabe K, Imamura K, Kawakami N (2019). Effects of a Newly Developed Gratitude Intervention Program on Work Engagement among Japanese Workers: A Pre- and Post-Test Study. J Occup Environ Med. 2019 Jul 12.

36 Chopik WJ, Newton NJ, Ryan LH, Kashdan TB, Jarden AJ (2019). Gratitude across the life span: Age differences and links to subjective well-being. J Posit Psychol. 2019;14(3):292-302.

37 Hampton C et al (2019). Impostor Syndrome and medicine: talented people believing 'I'm a fraud'. R I Med J 2013

38 Holmes SW, Kertay L, Adamson LB, Holland CL, Clance PR (1993). Measuring the impostor phenomenon: a comparison of Clance's IP Scale and Harvey's I-P Scale. J Pers Assess. Feb;60(1):48-59.

39 Chokron S (2014). 《Peut-on mesurer l'intelligence?》 Éditions Le Pommier.

40 Flynn JR (2012). 《Are we getting smarter?》 Cambridge University Press.

41 Hunt MG, Marx R, Lipson C and Jordyn Y (2018). No more FOMO, limiting social media decreases loneliness and depression. Journal of Social and Clinical Psychology. December 2018, Vol. 37, No. 10: pp. 751-768.

42 Altman J, Rogelberg SG (2010). Millenials at work: What we know and what we need to do (if anything). Journal of Business and Psychology. 25(2). 191-199.

43 Reindl V, Gerloff C, Scharke W, Konrad K (2018). Brain-to-brain synchrony in parent-child dyads and the relationship with emotion regulation revealed by fNIRS-based hyperscanning. Neuroimage. 178:493-50.

44 Charlesworth TES, Banaji MR (2019). Patterns of Implicit and Explicit Attitudes: I. Long-Term Change and Stability From 2007 to 2016. Psychol Sci. 2019 Feb;30(2):174-192.

45 Greenwald AG, Banaji MR (2017). The implicit revolution: Reconceiving the relation between conscious and unconscious. Am Psychol. Dec;72(9):861-871.

46   Byrne JE, Murray G. Diurnal rhythms in psychological reward functioning in healthy young men: 'Wanting', liking, and learning. Chronobiol Int.; 34(2):287-295.

47   Lakens D, Fockenberg DA, Lemmens KP, Ham J, Midden CJ (2013). Brightness differences influence the evaluation of affective pictures. Cognition and Emotion. 27(7):1225-46.

48   Itzhacki J, Te Lindert BHW, van der Meijden WP, Kringelbach ML, Mendoza J, Van Someren EJW (2019). Environmental light and time of day modulate subjective liking and wanting. Emotion. Feb;19(1):10-20.

49   Brondino N, Fusar-Poli L, Politi P (2017). Something to talk about: Gossip increases oxytocin levels in a near real-life situation. Psychoneuroendocrinology. 2017 Mar;77:218-224.

50   Hunter MR, Gillepsie BW, Chen SY (2019). Urban nature experiences reduce stress in the context of daily life based on salivary biomarkers. Frontiers in Psychology.

51   Van Boven L (2005). Experientialism, Materialism, and the pursuit of happiness. Review of General Psychology, 9(2).

52   Dunn EW, Aknin LB, Norton MI (2008). Spending money on others promotes happiness. Science. 21; 319 (5870):1687-8.

53   Starcke K, Brand M (2012). Decision making under stress: a selective review. Neurosci Biobehav Rev. Apr;36(4):1228-48.

54   Kireev M, Korotkov A, Medvedeva N, Masharipov R, Medvedev S (2017). Deceptive but Not Honest Manipulative Actions Are Associated with Increased Interaction between Middle and Inferior Frontal gyri. Front Neurosci. 31;11:482.

55   Russell G Foster, Leon Kreitzman (2014). The rhythms of life: what your body clock means to you! Exp Physiol. Apr;99(4):599-606.

56   Cheval B, Tipura E, Burra N, Frossard J, Chanal J, Orsholits D, Radel R, Boisgontier MP (2018). Avoiding sedentary behaviors requires more cortical resources than avoiding physical activity: An EEG study. Neuropsychologia. Oct;119:68-80.

57   den Hoed M, Brage S, Zhao JH, Westgate K, Nessa A, Ekelund U, Spector TD, Wareham NJ, Loos RJ (2013). Heritability of objectively assessed daily physical activity and sedentary behavior. Am J Clin Nutr. Nov;98(5):1317-25. doi: 10.3945/ajcn.113.069849. Epub 2013 Sep 18.

58 Wagner J, Stephan T, Kalla R, Brückmann H, Strupp M, Brandt T, Jahn K (2008). Mind the bend: cerebral activations associated with mental imagery of walking along a curved path. Exp Brain Res. Nov;191(2):247-55.

59 Callow N, Roberts R, Hardy L, Jiang D, Edwards MG. Performance improvements from imagery: evidence that internal visual imagery is superior to external visual imagery for slalom performance. Front Hum Neurosci. Oct 21;7:697.

60 Roeh A, Bunse T, Lembeck M, Handrack M, Pross B, Schoenfeld J, Keeser D, Ertl-Wagner B, Pogarell O, Halle M, Falkai P, Hasan A, Scherr J (2013). Running effects on cognition and plasticity (ReCaP): study protocol of a longitudinal examination of multimodal adaptations of marathon running. Res Sports Med. 2019 Jul 25:1-15.

61 Jackson SE, Smith L, Firth J, Grabovac I, Soysal P, Koyanagi A, Hu L, Stubbs B, Demurtas J, Veronese N, Zhu X, Yang L (2019). Is there a relationship between chocolate consumption and symptoms of depression? A cross-sectional survey of 13,626 US adults. Depress Anxiety. Jul 29. doi: 10.1002/da.22950.

62 Moser EI, Moser MB, McNaughton BL (2017). Spatial representation in the hippocampal formation: a history. Nat Neurosci. Oct 26;20(11):1448-1464.

63 Warren R, Smeets E & Neff K (2016). Self-criticism and self-compassion: risk and resilience. Current Psychiatry, 15, 18-32.

64 Triguero-Mas M et al. (2017). Natural outdoor environments and mental health: Stress as a possible mechanism. Environ Res. 2017 Nov;159:629-638.

65 Berman MG, Jonides J, Kaplan S (2008). The cognitive benefits of interacting with nature. Psychol Sci. Dec;19(12):1207-12. doi: 10.1111/j.1467-9280.2008.02225.x.

66 Demarin V, Bedekovic MR, Puretic MB, Pašic MB (2016). Arts, Brain and Cognition. Psychiatr Danub. Dec;28(4):343-348.

67 Babiloni F, Cherubino P, Graziani I, Trettel A, Bagordo GM, Cundari C, Borghini G, Arico P, Maglione AG, Vecchiato G (2014). The great beauty: a neuroaesthetic study by neuroelectric imaging during the observation of the real Michelangelo's Moses sculpture. Conf Proc IEEE Eng Med Biol Soc. 2014:6965-8.

68 Kazandjian S, Chokron S (2008). Paying attention to reading direction. Nat Rev Neurosci. Dec;9(12):965.

69 Chokron S, De Agostini M (2000). Reading habits influence aesthetic preference. Brain Res Cogn Brain Res. Sep;10(1-2):45-9.

70   Semendeferi K, Teffer K, Buxhoeveden DP, Park MS, Bludau S, Amunts K, Travis K, Buckwalter J (2011). Spatial organization of neurons in the frontal pole sets humans apart from great apes. Cereb Cortex. (7):1485-97.

71   Beaty RE, Benedek M, Silvia PJ, Schacter DL (2016). Creative Cognition and Brain Network Dynamics. Trends Cogn Sci. 2016 Feb;20(2):87-95.

72   Shi B, Cao X, Chen Q, Zhuang K, Qiu J (2017). Different brain structures associated with artistic and scientific creativity: a voxel-based morphometry study. Sci Rep. 2017 Feb 21;7:42911.

73   Dunn EW, Aknin LB, Norton MI (2008). Spending money on others promotes happiness. Science. 21; 319 (5870):1687-8.

74   Aknin LB, Barrington-Leigh CP, Dunn EW, Helliwell JF, Burns J, Biswas-Diener R, Kemeza I, Nyende P, Ashton-James CE, Norton MI (2013). Prosocial spending and well-being: cross-cultural evidence for a psychological universal. J Pers Soc Psychol. 104(4):635-52.

75   Rauscher FH, Shaw GL, Ky KN (1993). Music and spatial task performance. Nature. Oct 14;365(6447):611.

76   Salimpoor VN, Zald DH, Zatorre RJ, Dagher A, McIntosh AR (2015). Predictions and the brain: how musical sounds become rewarding. Trends in Cognitive Science, 19, 86-91.

77   Ferreri L, Mas-Herrero E, Zatorre RJ, Ripollès P, Gomez-Andres A, Alicart H, Olivé G, Marco-Pallarès J, Antonijoan RM, Valle M, Riba J, Rodriguez-Fornells A (2019). Dopamine modulates the reward experiences elicited by music. PNAS, 116, 3793-3798.

78   Zatorre RJ (2015). Musical pleasure and reward: mechanisms and dysfunction. An NY Acad. Sci. 13337, 202-11.

79   Herholz SC and Zatorre RJ (2012). Musical training as a framework for brain plasticity: behavior, function, and structure. Neuron, 76 (3), 486-502.

80   Overy K (2003). Dyslexia and music. From timing deficits to musical intervention. Ann NY Acad. Sci, 999, 497-505.

81   Criscuolo A, Bonetti L, Särkämo T, Kliuchko M, Brattico E (2019). On the association between musical training, intelligence and executive functions in adulthood. Frontiers Psychol. 10, 1704.

82   Hanna-Pladdy B and Gajewski B (2012). Recent and past musical activity predicts cognitive aging variability: direct comparison with general lifestyle

activities. Front. Hum. Neurosci., 6, 198.

83   Spence C (2019). On the relationship between color and taste/flavor. Exp. Psychol. 66(é). 99-111.

84   Wearden JH (2005). The wrong tree: time perception and time experience in the elderly. In J Duncan, L Philipps & P Mc Leod (Eds). Measuring the mind: speed, age and control. Oxford University Press.

85   Spuhler JN (1982). Assortative mating with respect to physical characteristics. Soc. Biol. 29, 53-66.

86   Kocsor F, Rezneki R, Juhasz and Bereczkei T (2011), Preference for facial self-resemblance and attractiveness in human mate choice. Arch Sex Behav. 40 (6): 1262-70.

87   Schneidermann I, Zagoory-Sharon O, Leckman JF, Feldman R (2012). Oxytocin during initial stages of romantic attachment: relations to couples' interactive reciprocity. Psychoneuroendocrinology. 37(8).1277-1285.

88   D. Scheele et al. (2012). Oxytocin modulates social distance between males and females. J of Neurology, 32, 16074-16079.

89   Walum et al. (2008). Genetic variation in the vasopressin receptor 1a gene (AVPR1A) associates with pair-bonding behavior in humans, PNAS, 10, 1073.

90   Bolmmont M, Cacioppo JT, Cacioppo S (2014). Love is in the gaze: an eye-tracking study of love and sexual desire. Psychol. Sci., 25 (9). 1748-1756.

91   Liberman Z & Shaw A (2018). Secret to friendship: Children make inferences about friendship based on secret sharing. Dev Psychol. Nov;54(11):2139-2151.

92   Berns GS, McClure SM, Pagnoni G, Montague PR (2001). Predictability modulates human brain response to reward. The journal of Neuroscience, 21(8), 2793-2798.

93   Alevedo BP, Aron A, Fisher HE, Brown LL (2012). Neural correlates of long term intense romantic love. Soc. Cogn Affect. Neurosci. Feb;7(2):145-59. doi: 10.1093/scan/nsq092. Epub 2011 Jan 5.

94   Xu X, Brown L, Aron A, Cao G, Feng T, Acevedo B, Weng X (2012). Regional brain activity during early stage intense romantic love predicted relationship outcomes after 40 months: an fMRI assessment. Neurosci Letter, 526(1): 33-8.

95   Feldman R (2017). The Neurobiology of Human Attachments. Trends Cogn Sci. 2017 Feb;21(2):80-99. doi: 10.1016/j.tics.2016.11.007. Epub 2016 Dec 30.

96   Singer W (2019). A Naturalistic Approach to the Hard Problem of

Consciousness. Front Syst Neurosci. 13:58. doi: 10.3389/fnsys.2019.00058.

97 Kirk M & Berntsen D (2018). A short cut to the past: cueing via concrete objects improves autobiographical memory retrieval in Alzheimer's disease patients. Neuropsychologia, 110:113-122.

98 Goel V, Dolan RJ (2001). The functional anatomy of humor: segregating cognitive and affective components. Nat Neurosci. 2001 Mar;4(3):237-8.

99 Kuchinke L & Lux V (2012). Caffeine Improves Left Hemisphere Processing of Positive Words. PLoS One, 7 (11):e48487.

100 Smith A, & Anderson M (2018). Social media use in 2018. Pew Research Center. http://www.pewinternet. org/2018/03/01/social-media-use-in-2018/.

101 Mortimer JA, Stern Y (2019). Physical exercise and activity may be important in reducing dementia risk at any age. Neurology. 2019 Feb 19;92(8):362-363.

102 Blumenthal JA, Smith PJ, Mabe S, Hinderliter A, Lin PH, Liao L, Welsh-Bohmer KA, Browndyke JN, Kraus WE, Doraiswamy PM, Burke JR, Sherwood A (2019). Lifestyle and neurocognition in older adults with cognitive impairments: A randomized trial. Neurology. 2019 Jan 15;92(3):e212-e223.

103 Maguire EA, Frackowiak RS & Frith CD (1997). Recalling Routes Around London: Activation of the Right Hippocampus in Taxi Drivers. Journal of Neuroscience, 17(18):7103-10.

104 Liu S, Chow H, Xu Y et al. (2012). Neural Correlates of Lyrical Improvisation: An fMRI Study of Freestyle Rap. Sci Rep 2, 834 (2012).

105 Maglione AG, Brizi A, Vecchiato G et al. (2017). A Neuroelectrical Brain Imaging Study on the Perception of Figurative Paintings against Only their Color or Shape Contents. Front Hum Neurosci. 11:378.

106 Harbaugh WT, Mayr U, Burghart DR (2007). Neural responses to taxation and voluntary giving reveal motives for charitable donations. Science. 316, (5831):1622-5.

107 Moray N (1959). "Attention in Dichotic Listening: Affective Cues and the Influence of Instructions". Quarterly Journal of Experimental Psychology. 11: 1156-11560.

108 Newman RS (2005). "The Cocktail Party Effect in Infants Revisited: Listening to One's Name in Noise". Developmental Psychology. 41 (2): 352-362.

109 Ten Brink M, Ghazanfar AA (2012). Social Neuroscience: More Friends, More problems… more Gray Matter? Curr Biol. 7;22(3):R 84-5.

110   Giles LC, Glonek GFV, Luszcz MA, Andrews GR (2005). Effect of Social Networks on 10Year Survival in Very Old Australians: The Australian Longitudinal Study of Aging. J Epidemiol Community Health. Jul;59(7):574-9.

111   Hall JA (2018). How many hours does it take to make a friend? Journal of social and personal relationships, 1-19.

나의 머릿속 하루

오늘 나의 감정, 생각, 행동은
뇌에 어떤 영향을 미쳤을까?

초판 1쇄 인쇄일 2022년 6월 3일
초판 1쇄 발행일 2022년 6월 14일

지은이 실비 쇼크롱
옮긴이 윤미연
펴낸이 이민화
디자인 최수정
펴낸곳 도서출판 7분의언덕
주소 서울 서초구 서초중앙로 5길 10-8 607호
전화 (02)582-8809 **팩스** (02)6488-9699
등록 2016년 9월 6일(제2020-000241호)
이메일 7minutes4hill@gmail.com

ISBN 979-11-977048-1-9 (03470)